HABITABLE

ハビタブルな宇宙

系外惑星が示す
生命像の変容と転換

井田 茂

IDA Shigeru

春秋社

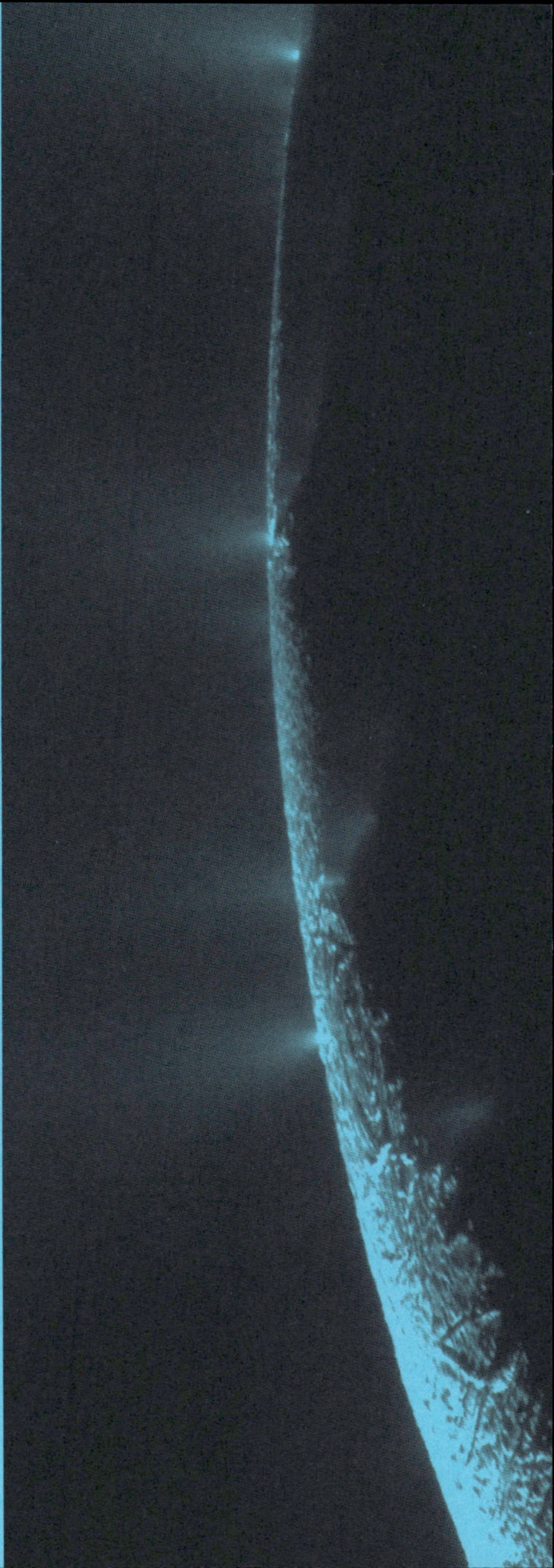

ハビタブルな宇宙——系外惑星が示す生命像の変容と転換　目次

ハビタブルな宇宙

系外惑星が示す生命像の変容と転換

プロローグ　太陽系外の惑星から地球外生命へ

系外惑星の発見が切り拓いたもの

「系外惑星」という言葉を聞いたことがあるでしょうか？　「惑星」とは、太陽のように自身で光り輝く巨大なガスの塊の「恒星」を周回する、恒星に比べたら小さな天体のことです。地球も火星も木星も「惑星」です。惑星は中心の恒星の光を受けて淡く光っているだけですが、木星や火星が夜空に明るく輝いて見えるのは、それらが地球とともに太陽を周回して「太陽系」を構成する仲間で、宇宙のスケールでいえば地球のごく近くにあるからです。一方で「系外」というのは、「太陽系外」、つまり地球が存在する太陽系の外側ということで、太陽とは別の恒星をめぐる惑星を「系外惑星」と呼んでいます。

系外惑星は実際に無数に存在していることがわかってきました。

宇宙は広大なのだからそんなことは当たり前ではないかと思う人も多いかもしれません。しかし、それが天体観測のデータをもとにした存在確率という数値で明らかになったのは、二〇一〇年代に入ってからのことです。そして、その数値が示すことは、系外惑星系は広大な宇宙のどこかにあるというレベルの話ではなく、銀河系の恒星の半数以上には惑星が回っているはずだということなのです。

系外惑星ははるか遠くにある太陽系外の恒星を回っているので、夜空を見上げても肉眼で見ることはできません。しかし、実際に夜空に見える恒星のまわりには惑星が回っているのです。空が暗いところに行くと見える天の川は、私たちが住む円盤状の銀河系を横から見た断面です。天の川は、遠くにある無数の恒星の集団で、恒星の点々が集まって川のようにぼおっと光って見えているのですが、その無数の点のまわりに惑星が回っているはずなのです。何か気が遠くなるようなすごい話ではないでしょうか。

系外惑星が初めて発見されたのが一九九五年。それを皮切りに次々と発見されて、二〇一〇年代初頭には発見数が五〇〇個を超え、銀河系の星々での存在確率も数値で推定されました。二〇一九年現在では四〇〇〇個近い系外惑星が確認されています。二〇世紀の初めには相対性理論が完成し、その相対性理論も関わるビッグバン宇宙を証明する宇宙背景放射が発見されたのが一九六四年のことです。それらに比べたら、系外惑星が見つかるようになってきたのは、つい最近の話なのです。

二〇世紀の初めには、太陽は銀河系という恒星の集団の一員だということが認識されました。太陽のまわりに地球や火星や木星が回っていて、太陽系を構成しているのだから、他の恒星にだって系外惑星系は存在しているはずだと思うのは当然です。

大型望遠鏡が完備されてきた一九四〇年代には系外惑星探索が始まりました。ところが、初めての発見は、探索が開始してから半世紀もの時が経つまで待たなければなりませんでした。今では当たり前になった系外惑星の存在に対して、実は一九九〇年代には、科学者の間では懐疑論も囁かれるようになっていたのです。

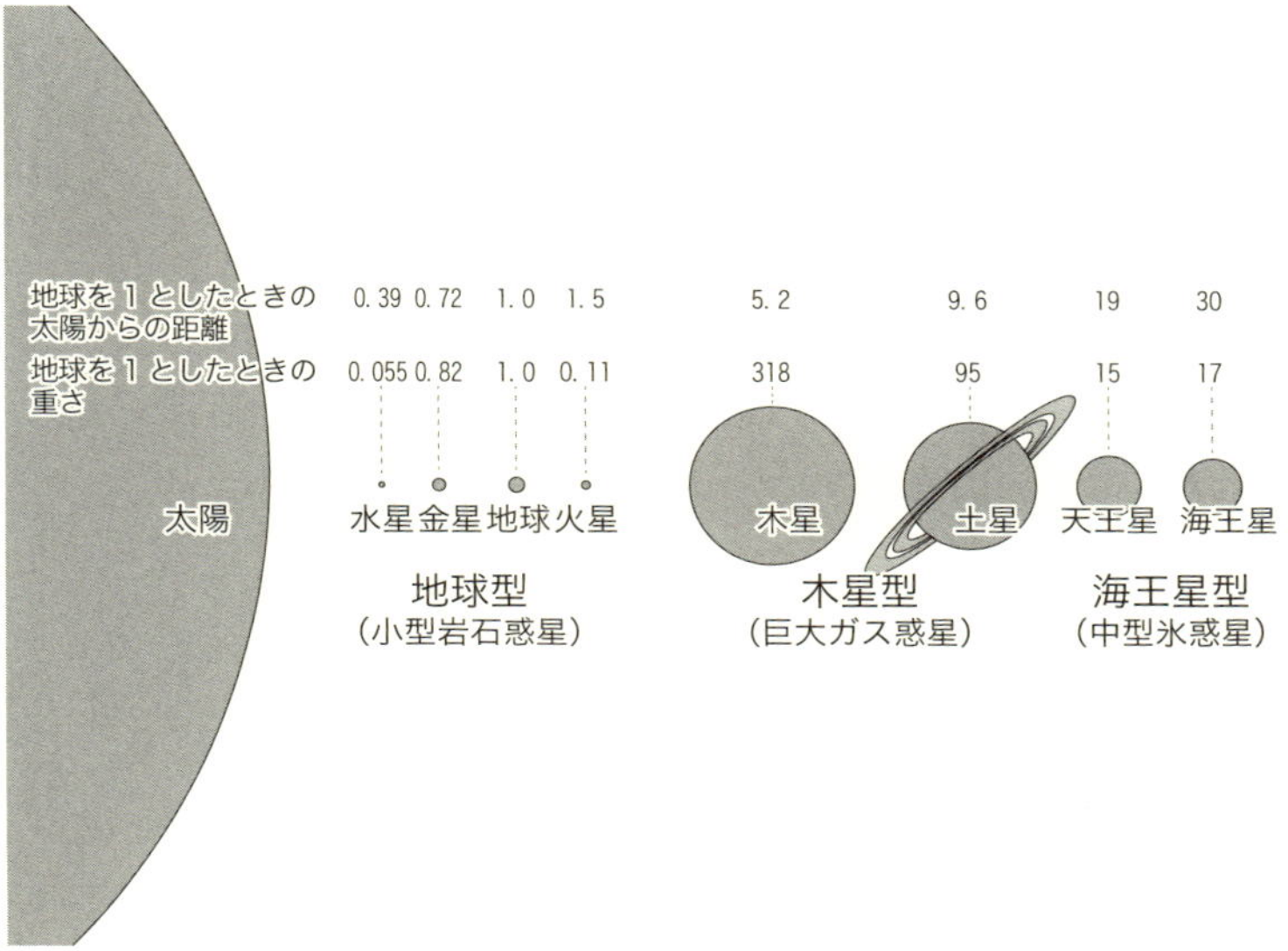

太陽系の惑星。距離の単位は天文単位（太陽と地球の平均距離で１億５千万キロメートル）。重さの単位は地球質量（6 ×10^{24}キログラム）。（IAU/Martin Kornmesserの画像を改変）

なぜ、半世紀もの間、見つからなかったのでしょうか。そこには大きな落とし穴がありました。

系外惑星系といったら、どんな惑星系を想像するでしょうか？　地球や火星や木星の姿から、太陽系のような惑星系を想像するのではないでしょうか。天文学者たちもそうでした。それしか知らなければ、仕方ないのです。

ところが、次々と発見された系外惑星系は太陽系とは似ても似つかないものばかりでした。どんなものなのかは3－2章で詳しく紹介しますが、たとえば、最初に発見されたのは、木星のような大型の惑星だったのですが、太陽と木星の間の距離の一〇〇分の一という至近距離で中心の恒星を周回し、至近距離からの中心星の強い放射によって蒸発寸前にまで加熱されている「ホット・ジュピター」と呼ばれるものでした。

その系外惑星の姿はまったく想定外でした。そのこともあって、半世紀もの間、系外惑星は見つからなかったのです。惑星系の姿を一般的に考えるべきだと思って、太陽系とは違うものも考えようとしたのですが、どういう方向に違うものを想像していいのか、なかなかわからなかったのです。ひとつの例を一般化するのはたいへん難しいのです。

ホット・ジュピターのような、我々が知っている惑星の姿とは大きく異なるものが存在する可能性があるのではないかと予測されていて、それを目標に探していたならば、系外惑星は、一〇年以上は早く発見されていたことでしょう。もしかしたら、（3－2章で説明しますが）「食」を使う方法なら、アマチュアの天文愛好家が数十年早く発見していた可能性すらあります。

一九九〇年代の時点での望遠鏡観測の精度は十分に足りていたので、このような姿のものも惑星なのだと、いったん認識されたら、その後は加速度的に発見が進みました。

地球以外で生命を持つ惑星の可能性

では、海を持ち生命を宿す系外惑星も多数存在するのでしょうか？　これは意見が分かれるかもしれません。地球は「奇跡の星」「類い稀なる星」だという考え方が根強くあります。あくまでも一般的な傾向ですが、これまで筆者が話を聞いてきた限りでは、研究者を含む欧米人は、そういう考えを持つ人が多いように思います。地球のような星は、奇跡のもとに生まれた類い稀なる星であって、そうそう存在するわけはないだろうという感覚です。一方で、日本人の科学者は生命を宿す系外惑星は

太陽系に一番近い恒星プロキシマ・ケンタウリのハビタブル・ゾーンに発見された地球サイズの惑星の表面の様子の想像図（ESO/M. Kornmesser）

たくさんあるだろうという感覚を持っている人が多い印象があります。

これは、正しいか正しくないか、良いか悪いかという話ではなく、こういう問いになると、その人の持つ知識体系、文化的背景、宗教観というものが影響するということを言いたいのです。

系外惑星の観測の現状を正確に述べると、「海を持つ可能性を持つ軌道にある惑星は非常にたくさんある。銀河系の恒星の一〇%以上にはそういう惑星が回っているだろう。だが、そこに本当に海があるのかどうか、生命が住んでいるのかどうかはまだわからない」というところです。惑星が中心星に近すぎる軌道を回っていると、受ける光が強いため惑星表面は高温になって、水が蒸発してしまいます。遠すぎると、温度が低すぎて凍りついてしまいます。ちょうどいい温度で惑星表面に水が液体として存在できる軌道の範囲を「ハビタブル・ゾーン」と呼んでいます。太陽系では、金星は温度が高すぎて、火星は低すぎるので、ハビタブル・ゾーンにすっぽり入っているのは地球だけです。ハビタブル・ゾーンは海が表面に存在して生命が住んでいるかもしれない惑星のおおまかな指標となっています。

すでに、地球のサイズまたはそれより少し大きいくらいの惑星（スーパーアース）で、ハビタブル・ゾーンにあるものは何十個も発見されています。今後、そういう惑星はどんどん発見されていくはずです。

食を起こしている系外惑星では、海が存在している証拠、生命が住んでいるかもしれない兆候が今すぐにでも検出されるかもしれません（3－7章）。少なくとも二〇二〇年代の後半に完成予定の超大型地上望遠鏡が稼働を始めれば、海が存在して生命が住んでいる兆候を示す惑星がどれだけあるのかという問いに対して、一定の結論が出るのではないかと期待されています。

ただ、ここで気をつけなくてはならないことがあります。海があって生命が存在する天体というと、「青い地球」というイメージを持つ人が多いかもしれません。生命が住んでいる天体については、今のところ、私たちは地球しか知らないので、そのようなイメージを持つのは当然だと思います。

地球みたいでなくていい

二〇一九年時点で観測可能な、海を持つ可能性がある系外惑星は、赤色矮星《せきしょくわいせい》と呼ばれる恒星を回る惑星です。この惑星は地球とはずいぶん異なる表層環境を持つと考えられます（3－4章）。赤色矮星とは太陽の質量の半分以下で、放っているエネルギーは太陽の一〇〇〇分の一～一〇〇分の一という暗い恒星です。そのような弱々しい光の恒星をめぐる惑星なので、海が存在するためには、恒星にぐっと近い軌道をとることが条件となります。それだけ中心星に近い軌道だと、惑星は、いつも同じ面を恒星に向けるようになります。月がいつも地球に同じ面を向けているのと同じ理由です。これを「自転・公転同期」と呼びます。

自転・公転同期は惑星表層環境にさまざまな影響を与えます。

まず、ハビタブル・ゾーンにある惑星でも、中心星に向けられた昼面から裏側の夜面に効率よく熱が運ばれないと、日が当たらない裏側は非常に低温になってしまって、そこにあった水はもちろんのこと、昼面から夜面に運ばれた大気中の水蒸気も、すべて凍りついてしまい、海が存在できない可能性が指摘されています。

一方で、この恒星の主な光は弱々しいのですが、紫外線やX線は太陽と同等の強さがあるようです。赤色矮星のハビタブル・ゾーンにある惑星は、地球と太陽の距離よりもはるかに中心星に近い軌道にあるので、生命存在を脅かす紫外線・X線を受ける量は、これらの惑星では地球が受けているものより桁違いに強いということになります。しかし、夜面の地域が固定されているおかげで、そこは紫外線・X線に対する安全が確保されています。昼面と夜面の境目の地域が住みやすいかもしれないということもいわれています。

赤色矮星のハビタブル・ゾーンにある地球サイズの惑星は、実際にどんどん発見されるようになってきています。地球は、黄色い太陽の光を、太陽から離れた場所で自転しながら満遍なく浴びていますが、赤色矮星の惑星は、そういう地球環境からはまるで異なる過酷な環境を持っているはずです。しかし、そういう惑星が実際に発見されて、よくよく考えてみると、たしかに過酷な環境かもしれないけれど、昼面と夜面の地域が固定されていることで、惑星表面のすべてが過酷なのではなく、ある区域では生命が住めるようになっていてもおかしくないようにも思えます。また、環境の少々の過酷さは生命の進化にとっては、かえって好都合と考えることもできます（2－5章）。

太陽のような恒星のまわりのハビタブル・ゾーンにある地球のサイズ程度の惑星、いわゆる「地球に似た惑星」を検出するのは、現状の観測技術ではまだ難しいところがあります。現段階で観測可能なものを追究していくと、赤色矮星のまわりならば、ハビタブル・ゾーンの惑星も検出できることに気づき、天文学者たちは、現在はそちらに注目しています。地球とはイメージが違うけれど、実際に見えるのだから、それを見ようということです。科学はデータが手に入って実証していかないと前に進まないので、赤色矮星の惑星に注目するのは自然な流れです。

どのように地球外生命を探すのか？

ただ、生命を宿す惑星を探すといっても、その惑星の生命を直接に分析することはできず、今は系外惑星を望遠鏡で見ることしかできません。それでも、食を起こしている系外惑星では、その惑星の大気を通過した光が中心星光に混ざっているので、中心星の光を分析することで、その惑星の大気成分をすでに観測できるようになっています（3－7章）。大気成分から、そこに住んでいるかもしれない生命の情報を得るには何を調べたらいいのか、ということが天文学者や惑星科学者の間で活発に議論されています。

地球における生命は地球環境の一部分であるという言い方もできるかもしれません。第2章や第3章でお話ししていくように、生命は、地球という天体におけるエネルギーや物質の循環サイクルの重要な部分を担っています。そこで、天体を詳しく調べれば生命が住んでいるかわかるのではないかという考えが出てくるのです。

地球では大気中に酸素があるということが、生命が住んでいるしるしになっています。大気中の酸素は光合成生物が吐き出したものだからです。でも、他の惑星の生命も同じでしょうか？　一体何が観測できたら、生命が住んでいると考えていいのでしょうか？　特に、赤色矮星のハビタブル・ゾーンの惑星のように、海はあったとしても、地球とは環境が大きく異なる惑星にはどんな生命が住んでいて、何を観測したらそれがわかるのでしょうか？　そういうことを考えていくと、だんだんと、そもそも生命とは何なのかという深遠な議論になってきてしまっています。

地球には、微生物や植物、動物といった多様な生命が住んでいますが、それらの細胞の作りも遺伝の仕組みも同じで、ひとつの共通の祖先から進化して枝分かれしてきたということが、すでにわかっています（2－5章）。つまり、地球の生命は大腸菌やトウモロコシや人類というように、多様に見えても、一系統の生命なのです。地球外の生命というと、「宇宙人」というイメージがありますが、地球の生命において、人類というのは、ひとつの共通の祖先から枝分かれを繰り返していった無数の枝の中のたったひとつの枝に過ぎません。他の天体に行ったら、そもそも、共通祖先の構造が違う可能性も高いですし、環境が違うのだから進化の仕方も違うでしょう。ヒト型生物、つまり「宇宙人」というイメージは通用しそうにもありません。

たった一つの例しか知らないと、他の例を見ても認識できないかもしれないということは、系外惑星の実例から私たちはよく知っています。太陽系しか知らなかったので、望遠鏡観測のデータにすでにあった系外惑星系を、長い間認識できなかったわけです。たった一系統の地球生命しか知らなくて、地球外の生命を認識できるのでしょうか？　そもそも生命の定義とは何なのでしょうか？　生命の一般的な性質とは何でしょうか？

そういう深遠な問題はありますが、今後、観測データはどんどん増えていきます。そのデータに地球外生命の情報が織り込まれているかもしれないのです。系外惑星の場合も、とりあえず一つ発見されたことで、多彩な系外惑星系が次々と発見されるようになって、惑星系とは何か、惑星系はどのような性質を一般的にもっているのかということに関して、理解が一気に進みました。地球外生命も、とりあえず一つ発見できれば、一気に理解が進む可能性があります。

系外惑星の発見によって太陽系内でも

ここまで見てきたことからいえるのは、惑星系に関する考え方は、太陽系の構造が惑星系の標準的な姿であるとする「太陽系中心主義」から完全に抜け出し、生命を宿す天体に対する考え方も地球のような姿の惑星でなければならないとする「地球中心主義」から解放されたということです。赤色矮星を回る惑星くらい地球からずれたイメージのものを考えるならば、別に「惑星」でなくてもよくなります。そこで俄然注目を集めてきているのが、土星の衛星のエンケラドス、木星の衛星のエウロパ

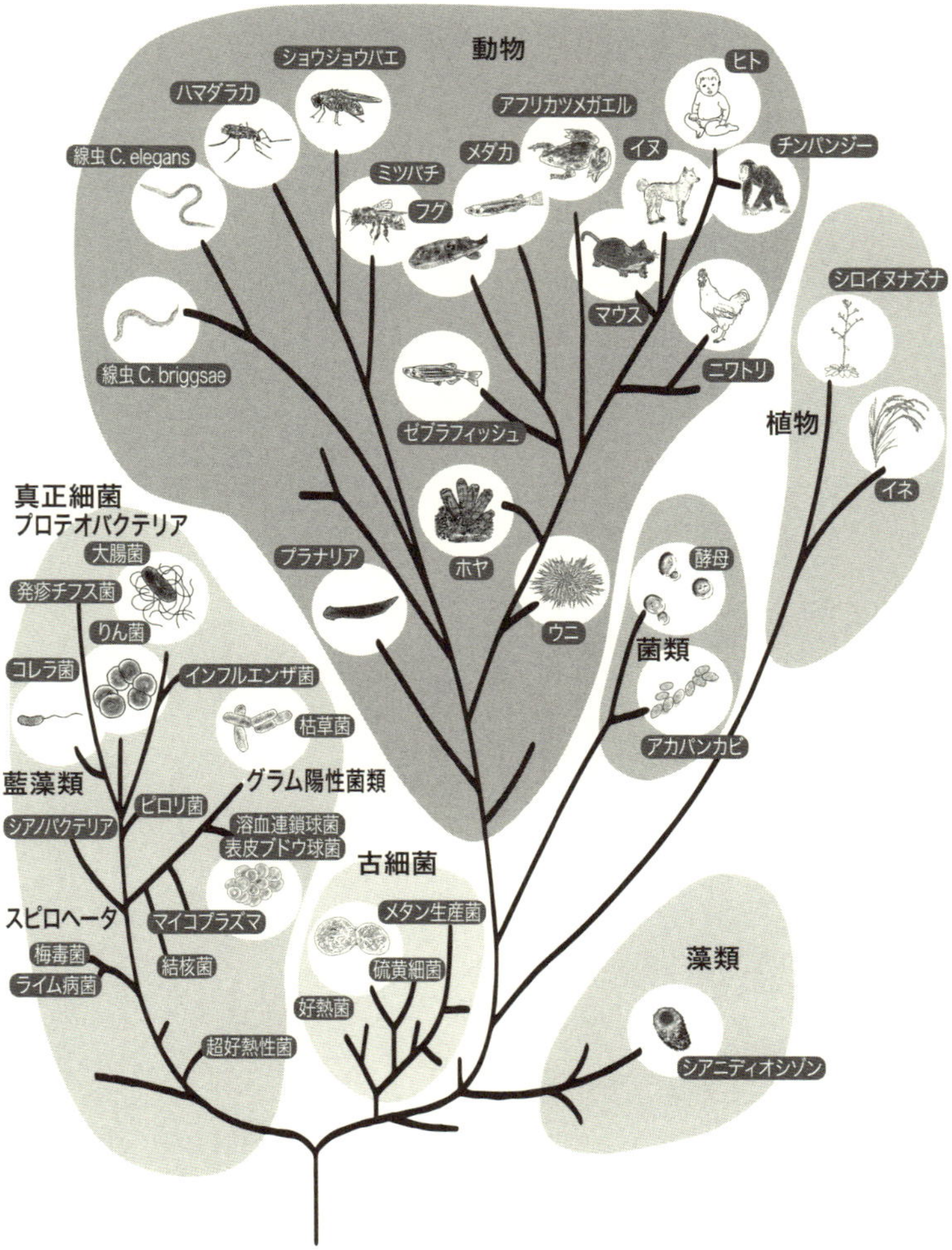

遺伝子解析から明らかになった地球の生命の進化。細菌もヒトもイネも一番下の共通祖先から分岐してきた。（「ゲノム解析系統樹」 http://oldwww.zinbun.kyoto-u.ac.jp/~kato/atgenome/cont02/genome-tree.pdf を改変）

です。

木星や土星は太陽系のハビタブル・ゾーンから外側に大きく離れた、氷点下一五〇℃以下の場所にあります。木星や土星のまわりにはたくさんの衛星が回っていますが、その多くは極低温のため、氷に覆われています。しかし、エンケラドスでは氷の表面の割れ目から有機物混じりの水蒸気が噴き出しているのが発見されました。二〇〇五年のことです。エウロパでも氷の表面から間欠的に水蒸気が噴き出しているようです。

どうも、これらの衛星の地下には海、それも熱水の地下海があり、そこではいろいろな化学反応も起きているようなのです。熱源は太陽の光ではなく、木星や土星の重力の影響で、衛星が変形させられることで生じる摩擦熱、つまり地熱です。海があって、エネルギーがあって、化学反応も起きている。それならば、生命がいてもおかしくないのではないかという議論になっているのです。系外惑星だと、望遠鏡で観測するしかないのですが、エンケラドスやエウロパならば、探査機を飛ばして現地に行き、直接観察することもできます。

氷の地殻の下の海で、地熱で加熱された熱水が噴き出ているという環境は、青い地球のイメージからはほど遠いですが、実は、地球でも水深数千メートルの真っ暗な海底から重金属や硫化水素を含んだ真っ黒で摂氏数百度にも達する（圧力が高いので気体にはなりません）熱水が噴き出ていて、その熱水噴出孔のまわりには生物がたくさん住んでいます。陸地や浅い海の生物のエネルギー源は究極的には太陽の光ですが（動物も、太陽の光で暮らしている植物や、その植物を摂取した他の動物を食べて生きているので、結局は太陽の光を使っている）、これらの深海の生物のエネルギー源は地熱です。

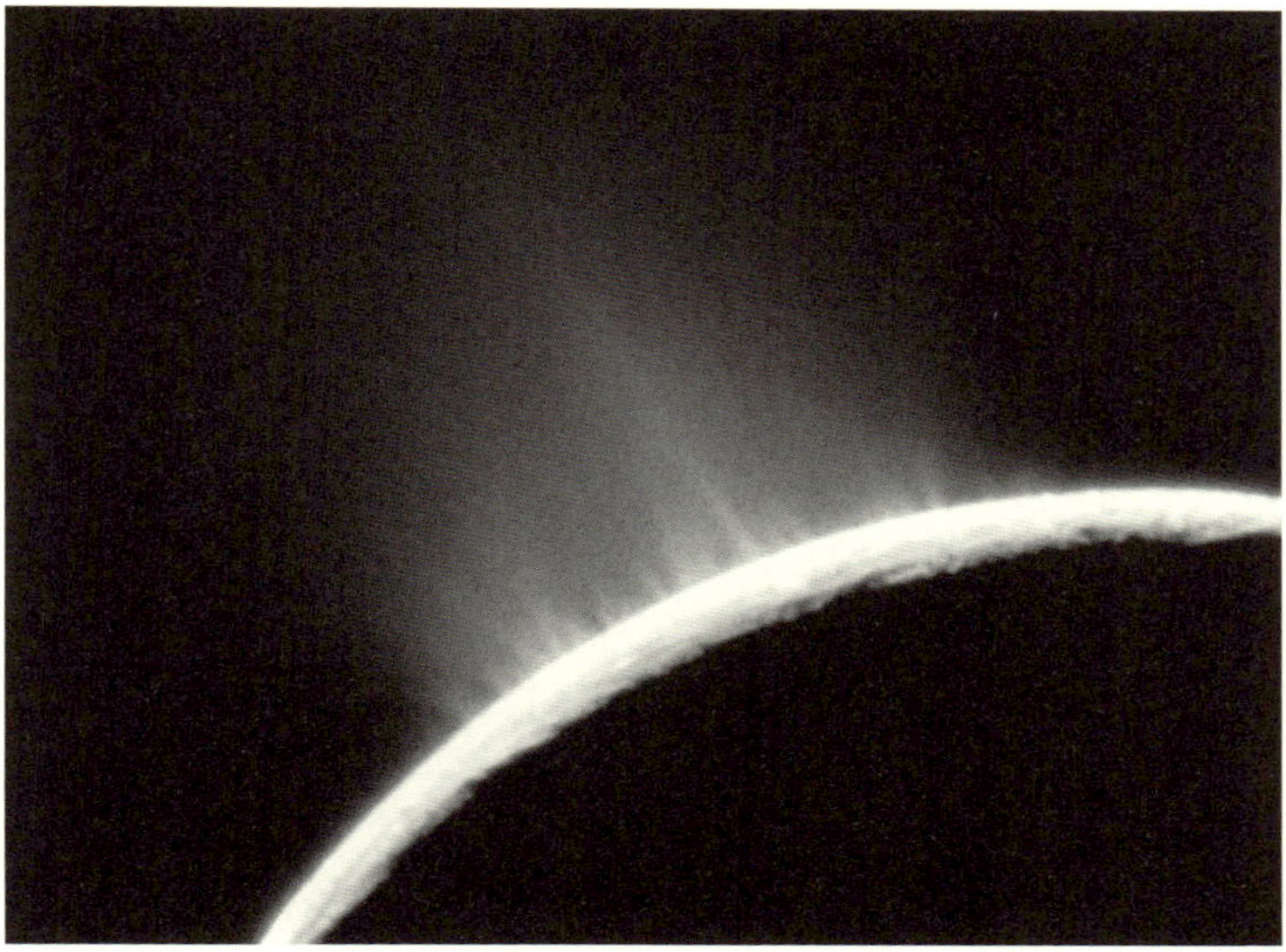
エンケラドスからの水蒸気、氷の噴出（探査機カッシーニが撮影した実際の写真）
(Cassini Imaging Team/SSI/JPL/ESA, /NASA)

陸上に暮らす私たちには想像もつかないような世界ですが、エンケラドスやエウロパの環境は地球の海底の熱水噴出孔と似ているかもしれず、生命がいてもおかしくないように思われます。エンケラドスやエウロパで、地球の生命とは系統の違う生命を発見できたら、生命というものに対する理解は飛躍的に広がり、系外惑星に住む生命をどうやって観測したらいいのかの指針もはっきりしてくることでしょう。

かつては、地球外生命といえば、「火星人」でした。火星は地球の兄弟星ともいわれる惑星です。二〇世紀初頭には火星運河騒ぎがあり（3－2章参照）、ウエルズのSF小説でタコ型火星人のイメージが有名になりました。その後も火星はSFの世界では常に注目の的でした。バローズの『火星シリーズ』、ブラッドベリの『火星年代記』、ブラウンの『火星人ゴーホーム』などのSF小説が人気になりました。そして、一九七〇年代にNASA（アメリカ航空宇宙局）の探査機バイキングが生命を探しに火星に着陸しました。火星人にはさすがに会えないにしても、微生物くらいならいるのではないかと、大きな期待を集めましたが、何も見つけることができませんでした。当時では、どうしても地球の微生物のイメージをもとにして探すことになってしまい、それは今から見るとずいぶんと偏った探し方だったので、失敗したのではないかと考えられています。

現在でも、キュリオシティをはじめとして、次々と火星に着陸探査機が送られ、生命探しをしています。なるべく地球の微生物のイメージに縛られないようにし、さらに生命そのものにもこだわらず、火星の現在と過去の環境の探索に重点を置いています。今の火星には海はありませんが、太古の火星には海または湖があったようです。二〇一八年には、現在の火星にも地下に浅い湖があるのではないかとの観測データが発表されました。太古の海で生まれた生命は今では地下に潜っているかもしれないし、過去の生命の痕跡なら見つかるかもしれません。少しずつ火星の現在と過去の環境が明らかになってきています。

知性とは、意識とは？

このように、地球外生命に対する考え方も、ヒト型の生物を中心に考えるという「人間中心主義」から離れようとしています。しかし、とらえどころのない生物が他の場所にいるかもしれないといわれても、すっきりしない、それには関心を持てないという考えもあると思います。

多くの人々は、人間の姿かたちのイメージが通用し、何らかのかたちでコミュニケーションがとれる「地球外知的生命」もしくは「地球外知性体」、つまり、いわゆる宇宙人、に興味があるのかもしれません。もちろん、それを追求してもいいのですが、実証を基礎とした科学の議論で語るのは、少なくとも現段階では、難しいと思われます。「ヒト型宇宙人」の発見を目指すのは、あまりに確率が低いと予想されるからです。また、そういう姿かたちの生命は、無数にあり得る進化の一形態にすぎない可能性が高く、ヒト型宇宙人を中心に考えるのは、そもそも宇宙における生命の本質を求めるという方向からはずれているようにも思います。

それでも、地球外生命はヒト型の宇宙人でないと価値がないのでしょうか？

系外惑星では、中心の至近距離を数日の周期で周回する巨大惑星「ホット・ジュピター」や、ほうき星のようなひしゃげた軌道を描く「エキセントリック・ジュピター」、地球より若干大きな惑星「スーパー・アース」の編隊などが発見されていて、発見当初はその異形に驚いたものですが、見慣れてくると、親近感がわいてきます。また、系外惑星系の半分以上はスーパー・アースの編隊を擁しているようで、太陽系の方こそ、全体から見たら異形なのかもしれません。赤色矮星の惑星系も生命存在の可能性が指摘されていて、「セブン・シスターズ」と呼ばれる地球と同じくらいのサイズの七つの惑星を擁するトラピスト－1と呼ばれる恒星の惑星系や、太陽系の隣のプロキシマ・ケンタウリ星の惑星系などは人気急上昇中です。地球外生命も、現状では到底想像できないようなものが、いざ発見されたら人気になるかもしれません。

ただし、多くの人々に偉大な発見だと理解してもらい、人類の考え方に大きなインパクトを与えるためには、抽象的すぎない、地球外生命のわかりやすい指標が必要なのかもしれません。しかし、それが、見た目がヒト型であるという必要はないのではないかと思います。科学者の場合は、抽象的な数値データであっても、そこにリアリティを感じることはできます。科学者でない人にとっても、得体の知れないものでも、何かのかたちで生命の「気配」のようなものを感じられればいいのかもしれません。

ところで、地球外生命の話とは独立に、「意識」とは何かという根源的な議論がテクノロジー先行で始まろうとしています。

意識とは何かという問題は、一七世紀のフランスのルネ・デカルトや一八世紀のドイツのイマヌエル・カント以来、何百年間も近代哲学において議論されてきました。ただし、そこでは、人間の思考が基本であり、人間の認識なしに物を思考することは意味がないという「相関主義」が優勢でした。近年の思弁的実在論により、物の実在を認める方向性も出てきましたが、哲学においては、あまり科学との交流はしないかたちで人間の意識・思考が議論されてきたように感じます。今後、哲学者と科学者の間での議論が期待されるのですが、一方でテクノロジーが急速に発展し、その方向からも意識の問題を議論せざるを得なくなってきていると思います。人工知能（AI）やゲノム編集（2－4章）もその例ですが、「ブレイン・ネットワーク・インターフェース」の技術により、人間の脳をアバター、コンピュータ、他人の身体、他人の脳に接続することができるようになってきていて、身体と意識の同一性の概念が崩れてきています（3－9章）。『攻殻機動隊』や『マトリックス』を彷彿させるような話で、まだ実験段階ですが、実用化もそれほど先の話ではないと思います。また、「オプトジエネティクス」という技術によって、脳細胞を操作してピンポイントで狙った特定の記憶の編集ができるようになっているので、今後、記憶の集積ともいえる意識というものが問い直されるようになるのではないかと思います。

地動説以来、生命の起源と進化や地球外生命といった問題で、科学と宗教の軋轢は長く続いています（2－6章）。哲学は人類登場以降のことを中心に考えるので、これまでは科学との強い対立はありませんでしたが、AI、ゲノム編集、ブレイン・ネットワーク・インターフェース、オプトジェネティクスは急速に、哲学に「領空侵犯」しつつあり、AIやゲノム編集といった事柄には哲学の側も反応しはじめています（ブレイン・ネットワーク・インターフェースやオプトジェネティクスに対する反応も期待したいです）。

こういう状況が進行すると、「地球外知性」、「地球外意識」といったものとのコンタクトということに関しても、これまでとは考えが大きく変わってくるのではないかと思います。

天空の科学と私につながる科学の邂逅

系外惑星、地球外生命、地球外意識といった話になってくると、どうしても話が揺れ動きます。その原因は、科学には全体を俯瞰的に見る「天空の科学」とでもいえる方向性と、私たち自身や私たちが住んでいる場所を対象とする「私につながる科学」とでもいえる方向性の二つがあるということもできて、系外惑星や地球外生命といった対象では、その二つの考え方が絡まり合っているからかもしれません。

「天空の科学」とは、たとえば宇宙の始まりや、無数の銀河を考える天文学や、一般的な法則を追求する物理学といったような方向性を指しています。「私につながる科学」は、医学、脳科学、環境科学、地球科学などを指しています。ちなみに「天空の科学」「私につながる科学」というのは筆者の造語で、一般的な言葉ではありませんが、系外惑星や地球外生命の分野は、この二つの方向性が交差しているため、議論が揺れ動いて難しくなったりする一方で、それも魅力になっているのではないかというのが、筆者の考えです。

本書では、まず、ブラックホール、ダークマター、ビッグバン宇宙、ヒッグス粒子、超ひも理論といった「天空の科学」の話を概観してみます。次にプレートテクトニクス、地震、気候といった地球科学や、人類の起源を含めた生命の進化、ゲノム解析によって変容しつつある医学といった「私につながる科学」を眺めてみることにします。

ただし、生命科学でも、生命の起源は「天空の科学」の様相もあわせ持ちます。

また、AI、ゲノム編集、ブレイン・ネットワーク・インターフェースといったものは、「私につながる科学」から出てきたものですが、「私につながる科学」や「天空の科学」とは、また違う別の方向に進んでいくのかもしれません。

こういった話を知った上で、本書の主題としては、現在猛烈な勢いで発展している、系外惑星や地球外生命といった、「天空の科学」と「私につながる科学」が交錯した研究分野の進展の話をしたいと思います。科学者としての著者は、そのおもしろさを伝えられればいいのですが、それに関する新しい知見の紹介よりはその思考の流れに重点を置くことで、読者の方が自身の存在や私たちが生きる世界をどのように捉えるか、どのように理解するのか、ということを考えるきっかけになればということで、書き進めていきたいと思います。

まずは系外惑星をどうやって見つけているのかを紹介し、その観測の経緯から天文学者が「太陽系中心主義」「地球中心主義」といったものから自ずと解放されてしまったこと、そして自然と地球外生命の議論につながってしまったことを紹介したいと思います。その地球外生命の議論や探索の戦略は、「第二の地球」といった「地球中心主義」からも、「人間中心主義」の表れである「宇宙人」というような従来の話からも、大きく方向性を変えたものになっています。その変容については、思考の流れとして興味深いと思うので、丁寧に説明したいと思います。

「天空の科学」から「私につながる科学」、そしてその二つが交錯する科学へというのは、実は、筆者が大学学部、大学院、プロの研究者の各段階でたどった道でもあります。関わり方の深さはいろいろですが、その分野の当事者側の雰囲気を体験したことはとても大きいことだと思っているので、自身の経験にひきつけて語ることをお許しください。

ゴーギャンの絵画のタイトルの『我々はどこから来たのか　我々は何者か　我々はどこへ行くのか』というフレーズが、宇宙の起源、生命の起源、ハビタブル惑星、地球外生命などの議論でよく引用されます。ゴーギャンは絶望のどん底でこの絵を書き、完成直後に自殺を図ったとされているので、彼がどのような意図でこのタイトルをつけたのかはわかりませんが、文字通り読むと、「起源への問い」をイメージさせます。

ポール・ゴーギャン『我々はどこから来たのか　我々は何者か　我々はどこへ行くのか』
（1897〜1898年、ボストン美術館所蔵）

おもしろいのは、起源への問いというものは、天空の視点からの問いかと思うのですが、そこに「我々」という文言が三度も繰り返して挿入されていることです。天空と私が交錯しているのです。筆者は個人的には「我々は何者か」という意味付けにはあまり興味がなく、一時期流行った「自分探し」という言葉も、よく理解できませんでした。世界の中に自分がいるということを実感できればよくて、そこに意味を求める気持ちが筆者にはないのです。でも、たしかに、「天空」と「私」が知らず知らずのうちに絡まっているフレーズには、混乱もありますが、魅力もあります。

最先端科学のひとつとなっている、系外惑星や地球外生命の話は、このような複雑な様相を示しながら人々をひきつけていくと思います。その魅力を堪能するには、「この地球は類い稀なる奇跡のもとに生命を宿した唯一無二の姿で、その中で生命は必然的に人類という最終到達点に向けて進化したのだ」と無意識に仮定するのではなく、地球も生命の進化も別様のかたちもいくらでもあり得るのだということ、つまり地球中心主義・人間中心主義から離れてものを見るということが必要なのではないかと思います。本書を読んで、そういうことが、少しでも腑に落ち、自身の存在や私たちが生きる世界の捉え方を再検討する何かのきっかけになれば幸いです。

1

天空の科学

1-1 人はなぜ「あの世の科学」に魅せられるのか

日常から途方もなく離れたもの

「私につながる科学」は私たちの日常生活や将来に直接影響を与えるので、人々の興味が集まるのは、当然です。たとえば、再生医療や創薬、病気のリスクといった医学・健康の話です。地球温暖化や原子力の問題もそうだと思います。

日常生活に直接影響を与えなくても、理科が好きで、身のまわりの自然現象や虫や植物の生態、化学反応に興味を持つ人も少なからずいます。

ところが、自分の生活にも関係がなく、身近な自然現象や身のまわりの生物からも隔絶した、相対性理論に惹かれる人が多いのもまた事実で、これには驚きを覚えます。相対性理論には特殊相対性理論と一般相対性理論がありますが、一般相対性理論はブラックホールや宇宙の成り立ちに関わる、何かすごい理論らしいということで興味を集めているのだと思います。特殊相対性理論の時間の遅れ現象の話も、GPSに関わるという実用性のためではなく、その浦島太郎的な現象自体の不思議さに惹かれているのではないでしょうか。

他方で、相対性理論と並ぶ二〇世紀の物理学が産んだ金字塔の量子力学はどうでしょうか? 多くの電化製品やスマホ、コンピュータにとって重要な半導体の原理にもなっていますし、「シュレディンガーの猫」の話にあるような「誰も見ていない状態は、異なる状態が重なり合っていて、誰かが見ると、その状態のうちのひとつがある確率のもとに選ばれる」という摩訶不思議な性質も備えているのですが、相対性理論と比べると、現代の人々の興味を集めているとは思えません。

ですが、その延長線にあるともいえる「超ひも理論」はとても人気があるようです。量子力学と相対性理論とを統一できる可能性がある理論ですが、一〇次元時空間のうち六次元が折りたたまれて、現在の宇宙になったという考え方は、科学者であっても専門分野が少し異なると、簡単に理解できるものではありません。

もしかしたら、相対性理論や超ひも理論は、日常生活を超えたもので、途方もなく理解不能だからこそ、人気があるということなのかもしれません。

たしかに、同じように日常から途方もなく遠く離れた、ニュートリノ、ヒッグス粒子、ダークマター、ダークエネルギーなども人気があります。

ニュートリノは六〇年前に存在が確認された素粒子ですし、ヒッグス粒子は実験的に確かめられたのは最近になってからのことですが、その存在は五〇年前に予言されていたもので、目新しい話というわけではありません。ニュートリノが人気の理由は、その研究で、日本人が相次いでノーベル物理学賞をとったということもあるかもしれませんが、宇宙に満ちあふれているけれど、非常に反応が弱くて何でも素通りする粒子という、途方もない非現実感が魅力になっているように思います。ヒッグス粒子に関しても「ゲージ対称性の自発的破れで粒子に質量をもたらしたヒッグス機構が証明された」という、何だかよくわからないけれど、宇宙の根幹に関わる途方もない感じが魅力なのかもしれません。

ダークマターの存在は、八〇年以上前から示唆されていました。その後の観測から、宇宙にはわれわれが知っている物質の平均空間密度より五倍くらい高密度の何か（ダークマター）が散らばっているということは、重力源がたしかにあるので、ほぼ確定しています。ただし、その正体は未だ不明です。

ダークエネルギーは、宇宙膨張のスピードが加速しているようだという観測から、宇宙には謎のエネルギーが充満しているのではないかと考えられた仮説で、まだ本当にダークエネルギーが存在していると確定しているわけではありません。名前は似ていますが、ダークマターとダークエネルギーの立ち位置はずいぶんと違います。

二〇一九年にM87銀河の中心の巨大ブラックホールの存在を示す詳細な写真が発表されて、メディアをはじめとして大きな話題になりました。もちろん、ブラックホールは光さえも閉じ込めてしまうので、光では見えないのですが、ブラックホール近傍のガスは光速近くまで加速されて超高温になっていて、高エネルギーの光を発しているので、観測できるのです。二〇一九年の観測では、ブラックホールに対応する場所からは光が出ておらず、その周辺から光が出ていることを、空間分解して明瞭に示したのです。

ただし、ブラックホールは一〇〇年も前に予言され、その理論は大学学部用教科書にも記述され、実際に存在を示唆する観測データもすでに数多く得られており、ダークマターよりもさらに存在が確定しているものでした。二〇一九年発表の観測結果は、たしかに驚くべき精度のすばらしいものでしたが、それまでの考えを覆すような新発見というわけではないのに、メディアで大きく取り上げられた理由は、対象がブラックホールだったからなのだと思います。

このように、科学的には半世紀以上前から常識になっているものから、現代でも仮説の段階にあるものまでが同列に人々の興味を引いています。科学的に未知のものだからというよりは、日常の常識から途方もなくはずれていて、かつ宇宙の秘密に関わっていそうで、「あの世の科学」といってもいいかもしれないくらいのものだからこそ、人気があるのではないでしょうか。

宇宙の創成の物語である、インフレーション、ビッグバン宇宙論、超ひも理論、そしてこの宇宙の他に無数の宇宙があるとするマルチバース仮説なども、人々の興味を集めてやみません。これらは「あの世の科学」の最たるものといっていいでしょう。この並びでも、ビッグバン宇宙論は一九六〇年代の宇宙背景放射の発見で証明されているし、インフレーションも二〇世紀末の宇宙探査機WMAPの観測でほぼ確実になったとされています。一方で、マルチバース仮説は観測的な証明が原理的に不可能ではないかともいわれている仮説で、ここでも立ち位置が異なるものが同列に人々の興味を引いています。

時空間のスケールを変換する

「立ち位置が異なるものが同列」と何かひっかかった言い方をしていますが、何をいっているかというと、科学者の感覚は科学者でない人々の感覚と大きくずれているようだということです。宇宙の話を一般講演会などで話すと、「宇宙は途方もなく広大で悠久の時の中にあって、それに比べたら自分の存在なんかちっぽけで、人生なんて一瞬のことで……」といった感想を言われることがよくあります。これは少なくとも科学のトレーニングを受けてきた筆者には理解できない感覚で、はじめの頃は、そう言われると、とても戸惑いました。筆者の感覚はというと、「宇宙全体も銀河系もその特徴的な時間でみれば、生まれたばかりで、重力というシンプルな法則性がその構造を支配していて、（以下に説明するような）科学者的な見方をすれば、大きいも小さいもない」という感じだと思います。それに比べたら、「ヒトの存在はあまりに複雑な要素が絡み合っていて、生命とは何かという謎に加えて意識とは何かという謎もあり、ちっぽけな存在どころか、なんて深遠な存在なのだろうか」と考えてしまいます。多くの科学者は筆者のこの感覚に賛同してくれるのではないでしょうか。

科学者のトレーニングを受けると、良い悪いは別にして感覚が変わってしまうようです。科学者が一般的に変人扱いされる原因としては、もともとの資質もあるかもしれませんが、受けたトレーニングの影響もあるかもしれません。

このように、科学者は宇宙も銀河系もブラックホールも、途方もないものとは考えていないのだと思います。そう感じていないといった方がいいかもしれません。宇宙も銀河系もブラックホールも、非常にリアルに想像できるものとして感じているのです。そうでなかったら、理論モデルを立てたり、観測で実証する計画を考えたりすることはできないと思います。もちろん、ブラックホールの中のことはよくわからないけれど、ブラックホールのサイズがシュワルツシルト半径という量で表されることや、ブラックホールのそばを通過する光がまっすぐ飛べずに曲がってしまうといったことは、実は直感的にとてもわかりやすいのです。同様に、宇宙の誕生前のことはわからないけれど、インフレーション後のビッグバンによる宇宙膨張も直感的にわかりやすいものです。

それに比べて、ヒトの意識とは何かとか生命の起源とは何かと問われると、多くの科学者は途方に暮れることが多いことでしょう。

まずは、その感覚の違いがどこに起因するのかを明らかにしないと、この後の話が通じないままになるかもしれないので、そこから始めたいと思います。その科学者的な考え方の感じをつかんでもらった後で、ブラックホールやビッグバンの説明を聞くと、直感的にわかりやすいとまではいかなくても、「途方もなくて何だかわからない」というわけではない、くらいに感じてもらえるかもしれません。

筆者が大学院に入って、すぐに指導教官に注意されたのが、「大きい、小さいという言葉を安易に使うな。大きい、小さいというのは、何に比べてそうなのかという比較をして初めて意味がある」ということです。つまり考えている対象によって、長さとか時間のスケールを変えた上で物事を見ないと意味がないということです。今は同じことを筆者が学生たちに伝えています。

実は日常的なものに対しては、科学者でなくても、スケールの変換は誰もが普通に行っていることです。「大きな蟻と小さな象のどちらが大きいか?」と聞かれたら、誰しも小さな象だと答えると思います。「大きな蟻」といっても、蟻の典型的なサイズを知っていて、その平均に比べて相対的に大きいというだけで、絶対的に大きいという意味ではないのです。日常的ではない宇宙の話などになると、単にどういう典型的サイズを考えていいかわからないので、なんとなく自分の身体のサイズと比較してしまったりしているだけではないのでしょうか。

メートルという長さの単位やキログラムといった重さの単位は、日常生活では便利なものですが、それらを使って、太陽と木星の距離は8×10^{11}（8のあとに0が11個並ぶ）メートルとか、木星の重さは2×10^{27}（2のあとに0が27個並ぶ）キログラムといわれても、何のことだかわかりません。ただ単に途方もなく大きい数という印象を与えるだけです。

でも基準となる典型的な距離や重さを適切に選べば、その太陽と木星の距離や木星の重さの意味が感覚的にわかるようになります。具体的には、「太陽と木星の距離は、太陽と地球の距離の五倍」であるとか、「木星の重さは太陽の一〇〇〇分の一」といわれたらイメージがわきます。「2×10^{27}キログラム」となると途方もない重さですが、「太陽の一〇〇〇分の一」であれば、惑星は軽いのだと思うことでしょう。さらに、「木星の重さは地球の三〇〇倍」といわれたら、木星は惑星の中では大型のほうなのだなとわかります。そうなってくると、惑星は、恒星である太陽と比べてそんなにも質量が小さいのであれば、恒星と惑星のでき方は違うのではないか、木星と地球の作られ方も違うのではないか、そういえば、木星はガスに覆われているけれど、地球はほとんど石と鉄でできているらしい、などと関連づけて考えられるようになります。

他の例を挙げると、銀河系の年齢は一〇〇億歳以上と聞けば、気が遠くなるような時間と思うかもしれないですが、太陽は銀河系の中で二億年かかってやっと一周しているので、銀河系は生まれてから、まだ五〇回転くらいしかしておらず、銀河の運動としては、ようやっとエンジンがかかったばかりということになります。

ところが、観測によると、銀河系の円盤状の部分にある恒星の軌道は少し楕円に歪んでしまっているものが多いことがわかっています。恒星が生まれるのは銀河円盤に漂うガス雲の中で、そのようなガス雲は銀河中心のまわりを円運動しているので、恒星は生まれたばかりの頃には円軌道を回っていたはずです。そうなると、恒星は五〇回ほど回っただけで、そんなに軌道が歪むのだろうかという疑問が導き出され、では一体何が原因でそうなったのだろう、と考える展開につながります。

長大な時間とは反対の、極小の時間の話もあります。化学反応は、目に見えないくらいの小さな分子の場で起きていて、反応にかかる時間は長くてもマイクロ秒（一秒の一〇〇万分の一）です。何が起きているのか、何が謎なのかを知るためには、基準の長さを分子の大きさにとり、時間の基準をマイクロ秒というような極小の時間において考えなければならないのです。それはちっぽけでつまらないことなのでしょうか？　もちろん、そんなことはないことはいうまでもありません。

このようにして、科学者は学生の頃から対象に応じて、何桁、何十桁というズームインやズームアウトをして考えるトレーニングを受け続けます。そのうち、自然とそういう見方をするようになっています。そのため、身体スケールで宇宙スケールの対象や原子・分子の現象を語られると、ぎょっとしてしまうのです。

それでは、こういったスケールの変換のことを頭に置いてもらった上で、天空の科学について、具体例をもう少し詳しく見ていくことにしましょう。

1-2 ブラックホール、ダークマター、ビッグバン宇宙 ——すでに確定

まずは、ブラックホール、ダークマター、ビッグバン宇宙の話から始めましょう。

ブラックホールとは、強烈な重力で光を含めたすべてのものを吸い込んでしまう天体です。ダークマターは「暗黒物質」とも呼ばれ、この宇宙に存在する物質の八割以上を占めるはずだけれど、正体不明の見えない物質です。「見えない」といっても光を発していないために直接観測できていないだけで、その物質からの重力は間接的に検出できているので、実在している物質です。ビッグバン宇宙は、一三八億年前に超高温・超高密度のエネルギーの塊として宇宙が生まれ、膨張を続けているとする宇宙のモデルです。

このような宇宙の謎や想像を絶する天体や現象に対して、「リアリティ」といわれると変な感じがするかもしれませんが、初歩的な力学を学んだ人なら、リアリティを感じられるのではないかと思います。みなが力学を覚えているわけではないですが、一部の天才的科学者でなければ実感できないというものでもないのです。ここでは、力学の知識がなくても、エッセンスは理解できるように説明しますので、ご安心ください。

ちょっと詳しい方なら、ブラックホールとかビッグバン宇宙は一般相対性理論で説明されるもので

あって、一般相対性理論を理解するのには、微分幾何学といった高度な数学の知識が必要なのではないかと思うかもしれません。ですが、一般相対性理論とニュートンの万有引力の法則の違いは、一般相対性理論では、質量だけではなくエネルギーも重力源としてカウントするという部分で、あとはほとんど同じです（特殊相対性理論で提案された、真空中の光の速さは常に一定で、物体の運動は光速を超えることはできないという原理も気をつけないといけませんが）。

一般相対性理論では空間が曲がるという概念があります。光は空間をまっすぐに進むので、重力源のそばでは空間が曲がるから光の経路も曲がるというのが一般相対性理論での理解です。ですが、光を粒子と同じように重力を受けたら経路が曲がるというように、ニュートンの万有引力で考えても、曲がり方の見積もりに大差はありません。ニュートン力学のほうが実感を得やすいので、ここでは古典的なニュートン力学を下敷きにして、なるべく簡単な説明をしてみたいと思います。

リアリティのあるブラックホール

ブラックホールには光すらも引きずり込まれて、そこから抜け出すことができないので、まさに「暗黒の穴」です。

脱出速度というものを聞いたことがあるでしょうか？　天体表面において、その天体の重力を振り切るために必要な速度で、地球では秒速一一・二キロメートルという非常に速いスピードです。真上にボールを投げるとそのうち落ちてきますが、より速いスピードで投げれば、高いところまで到達して、落ちてくるのに時間がかかるようになります。メジャーリーグの剛速球投手が投げるボールが時速一六〇キロメートルとすると、秒速では〇・〇四四キロメートルです。マッハ二の超音速飛行機でも〇・三四キロメートル。まだ足りません。多段式ロケットで徐々に加速して、一一・二キロメートルを超えると、地球重力を振り切って宇宙空間に飛び出すことができます。

光の速度は秒速三〇万キロメートルなので、簡単に地球重力を振り切ります。仮に地球の重さを変えずに半径を一〇〇分の一にすると、脱出速度は一〇倍になります。地球の半径が現在の七億分の一、つまり一センチメートル以下になると、脱出速度は光速を超えます。この半径を「シュワルツシルト半径」と呼びます。これより小さくなると、物体の速度は光速を超えられないので、光を含めたすべてのものが脱出できなくなります。つまり、シュワルツシルト半径がブラックホールの半径です。

ブラックホールのでき方には、主には二通りあると考えられています。ひとつは恒星の進化のなれの果てで、恒星ひとつの質量ほどの軽量ブラックホールです。もうひとつは銀河中心にできる巨大ブラックホールです。二〇一九年に詳細な写真がとられたのは後者です。まずは前者から考えましょう。

シュワルツシルト半径は天体の重さに比例します。太陽は、地球の重さの三〇万倍の重さなので、半径が三キロメートルになると脱出速度が光速になります。太陽の現在の半径は七〇万キロメートルなので、二三万分の一になると、ブラックホールになるわけです。

太陽みたいな恒星がそんなに小さくなるのか、と不思議に思うかもしれません。恒星の質量がそのままで半径が小さくなるということは、超高密度になるということです。太陽の質量も莫大なのですが、ブラックホールに至るには、まだ自重が足りません。太陽より数十倍以上重い質量の恒星は、存在している数は少ないのですが、以下に説明するように、その自重による圧縮によって、中心部はやがてブラックホールになると考えられています。

恒星進化の果てにブラックホールは作られる

太陽の中心部は、ブラックホールに比べると低密度ですが、それでも非常に高密度・高圧力になっているので、人類の現在の技術では実現できない核融合反応が起きていて、莫大なエネルギーが放出されています。

太陽内部の核融合反応では、四つの水素が超高圧のもとで融合してヘリウムに変化していきます。その際に、もとの四つの水素の重さの合計よりも、融合してできたヘリウムの重さのほうがほんの少しだけ小さくなっています。

相対性理論で有名な$E=mc^2$という式があります。質量mの物体は、質量に秒速三〇万キロメートルというとてつもない速さである光速cを二回かけたエネルギーと等しいので、質量がほんの少し減るだけで莫大なエネルギーが解放されるのです。ウランなどは、融合ではなく、分裂すると合計質量がほんの少し減ってエネルギーが解放されます。これがおなじみの原子力エネルギーです。ウランは超新星爆発の際に大量の原子が超高速衝突することで一気に作られた元素で、何十億年というような長い時間では安定ではなく、ほうっておけば徐々に分裂していくので、超高圧にする必要はありません。

恒星では、このようにしてエネルギーが生成されては、表面から宇宙空間に光として放出されて、釣り合った状態にあります。太陽くらいの質量の場合は、一〇〇億年以上もこのような釣り合った状態を保ちます。この釣り合い状態の星は「主系列星《しゅけいれつせい》」と呼ばれていて、その段階の期間は、恒星が重くなるほど、短くなります。恒星の中心部で、核融合が進んで核融合の原料の水素が減ると、圧力が下がって自重で圧縮が進みます。圧縮が進むと圧力が回復するので、また自重を支えられるようになります。このように、恒星では時間が経つほど中心密度は上がっていきます。温度も上がるので、核融合での生成物のヘリウムもさらなる核融合の原料となって、水や有機物のもとになる炭素、酸素、窒素が作られ、さらには、地球の材料物質となる岩石成分のケイ素、マグネシウムや鉄まで生成されることもあります。

量子力学には、電子や原子核を構成する陽子や中性子の位置と速度を正確に決めることが、測定装置の精度の問題ではなく、原理的にできない、という「不確定性原理」と呼ばれる法則があります。この不確定性原理にもとづく圧力（縮退圧）が効いて、暴走的に核融合が進むという現象が起きて恒星の外層部を吹き飛ばしたりしながら（これが超新星爆発のタイプのひとつです）、太陽より数十倍以上重い恒星だと、その中心部はブラックホールになってしまうほどの高密度になります。そうなると、いかなる圧力でも自重を支えることができず、すべてが飲み込まれてしまうわけです。

ちなみに、ブラックホールまでには行き着かないけれど、中性子の縮退圧で自重を支えるようになってしまった恒星は中性子星と呼ばれます。それが周期一秒以下というような高速自転をしていると、その短い周期でパルスのように光を発するパルサーと呼ばれる星になります。中性子星は、太陽質量程度なのに直径数十キロメートルという超高密度でコンパクトな星なので、それだけの高速回転が可能となるのです。

電子の縮退圧で自重を支えている星は白色矮星《はくしょくわいせい》と呼ばれます。表面は高温ですが、光の総量は小さい、暗い天体です。高温だと一定面積からは強い光が放射されるのですが、総量が低いということは、表面積が小さい天体、つまり高密度で直径が小さい天体ということになります。たとえば、太陽のなれの果ては白色矮星です。太陽は白色矮星に進化する前に、水素の暴走的核融合を経験して外層部は吹き飛んで質量が半分くらいになるのですが、その際に残る芯の直径は地球程度（一万キロメートル）しかなく、中性子星ほどではないにせよ、かなりの高密度です（太陽がその段階に行き着くには、あと七〇億年以上かかると推定されているので、私たちが心配する必要はありません）。

宇宙の元素の起源

ビッグバンでは、水素とヘリウムしかできません。生命の体を形作る有機物や水、惑星を作る岩石、鉄、氷といった物質のもとになる元素は、比較的重い恒星の中の核融合で作られたものです。それが超新星爆発などで撒き散らされて、ガス雲を作り、そのガスからまた恒星が生まれます。このサイクルの中で、だんだんと、炭素、酸素、鉄などの重い元素のガス中の比率が増えていきます。そこから惑星や生命が生まれるので、純粋な水素・ヘリウムの宇宙にまき散らされた恒星進化の廃棄物から、私たちは生まれたといえるわけです。

このような元素まで作る重い恒星は銀河系の中で一定の割合で空間的には一様に生まれ、ガス雲は撹拌されて混ざるので、銀河系内では、惑星や生命のもとになる元素のガス中の比率には大きなばらつきはありません。つまり、銀河系内ではどこでも惑星や生命が生まれてもいいことになります。

ただし、銀河ごとに星の形成率はずいぶん違うようで、惑星や生命のもとになる元素による「汚れ具合」にもばらつきがあるようです。したがって、銀河ごとに、惑星の存在確率にはかなりの差があるはずで、生命の存在確率も大きくばらついている可能性があると推測されます。

ここで述べた恒星内の元素合成理論は、実は、ビッグバン宇宙モデルを否定しようという動機がきっかけで構築されたものです。ビッグバン宇宙モデルが初めて提案された頃、ロシア生まれのアメリカの理論物理学者で多才なジョージ・ガモフは、現在のすべての元素がビッグバンで生成されると考えました。まさにビッグバン宇宙モデルは万物創生のモデルだったのです。ちなみにガモフはのちに遺伝子暗号の発見の礎も築きます。

これに対して、奇才として知られるイギリスの天体物理学者フレッド・ホイルは強硬なビッグバン宇宙モデル否定派でした。宇宙は膨張も収縮もせず無限の過去から無限の未来まで存在するとする定常宇宙モデルを支持していました。ホイルは、ビッグバンに頼らなくても、定常宇宙モデルでも元素合成できるように、恒星内部での元素合成モデルを考案したのでした。ホイルは、量子力学の創成者の一人のポール・ディラックの弟子で、かつホイルの弟子には宇宙論で有名なスティーヴン・ホーキングがいます。ホイルは「ビッグバン」宇宙モデルの名付け親でもあって、膨張宇宙モデルを「ばかげた説」と皮肉るつもりで「ビッグバン」というニックネームを付けたといわれていますが、センスが良すぎた（?）のか、そのネーミングもあってビッグバン宇宙モデルは一般の人にも広く浸透しました。

ホイルは、主流になりつつある新しい理論を強烈に批判して、ユニークなモデルを提案するということで有名でした。そういう姿勢は、大勢に流されない批判精神として、科学のコミュニティではどちらかというと、いい姿勢だとみなされます（もちろん、程度問題はありますが）。ホイルは生命の起源の標準モデルである化学進化説を批判し、生命は宇宙で生まれて地球にもたらされたとするパンスペルミア仮説を主張したことでも有名です。一方で、恒星へのガス流入の標準モデルや、現代の惑星形成の標準理論の基礎となるモデルも構築しました。強烈な個性を持った、まさに天才的な奇才と評される科学者だったようです[1]。

元素合成に話を戻すと、その後、京都大学の林忠四郎（林忠四郎は湯川秀樹の弟子で、筆者は林忠四郎の孫弟子にあたり、直接指導してもらったこともあります）によって、ビッグバンですべての元素が合成される理論は間違いだと示されました。それはガモフのビッグバン・モデルの欠陥だったのですが、ホイルらの恒星内部での元素合成モデルによって致命的欠陥になることを免れました。当初の目的とは正反対に、ホイルはビッグバン宇宙モデルを救ったことになるのです。そして、この元素合成モデルは後にノーベル物理学賞を受賞しました（共同研究者のウィリアム・ファウラーが受賞して、ホイルは受賞者に入らなかったのですが）。

当初の目的とは正反対であったり、まったく別方向になった結果が、ノーベル賞を受賞するということは、科学の分野ではよくあることです。当初の目的とは異なるということは、普通は予想しない、つまりそれまでの考えを刷新するような、大発見とか新理論につながりやすいということなのです。

超巨大ブラックホールの形成

ブラックホールに話を戻すと、二〇一九年に撮像されたブラックホールは質量が太陽の六五億倍ともいわれる超巨大ブラックホールです。私たちの銀河系も含めて、銀河の中心には一般的に（質量には大きなばらつきがありますが）巨大ブラックホールが存在していると考えられています。その形成メカニズムはまだ完全にはわかっていませんが、何らかの過程によって銀河中心部でできたブラックホールが銀河中心に螺旋を描いて流れてくるガスを取り込んで成長したと考えられています。

寄り道もしましたが、ブラックホールのイメージは湧いたでしょうか？　次はビッグバンです。

ビッグバン宇宙モデル

ビッグバン宇宙モデルとは、宇宙は創成時に火の玉のような超高温で膨張を始めたという考えです。現在の考えは、まず急激な膨張の「インフレーション」の後に、ビッグバンが起きたというものです。

ビッグバンの考え方は、先ほどの真上にボールを投げる話と同じです。一般相対性理論ではエネルギーは質量と同等なので、光に溢れた火の玉でも重力源になります。重力が強く、スピードが足りなかった場合に投げたボールがやがて落ちてくるように、宇宙のエネルギー密度が大きいと、膨張を始めた宇宙はやがて収縮に転じます。エネルギー密度が小さいと、投げたボールが重力を振り切って地球から飛び出すように、宇宙膨張が続くことになります。このあたりは、ブラックホールのときの話と同じなので、実感をつかめるかもしれません。

収縮に転じる宇宙は正の曲率を持った閉じた有限宇宙になり、膨張し続ける宇宙は負の曲率を持つ

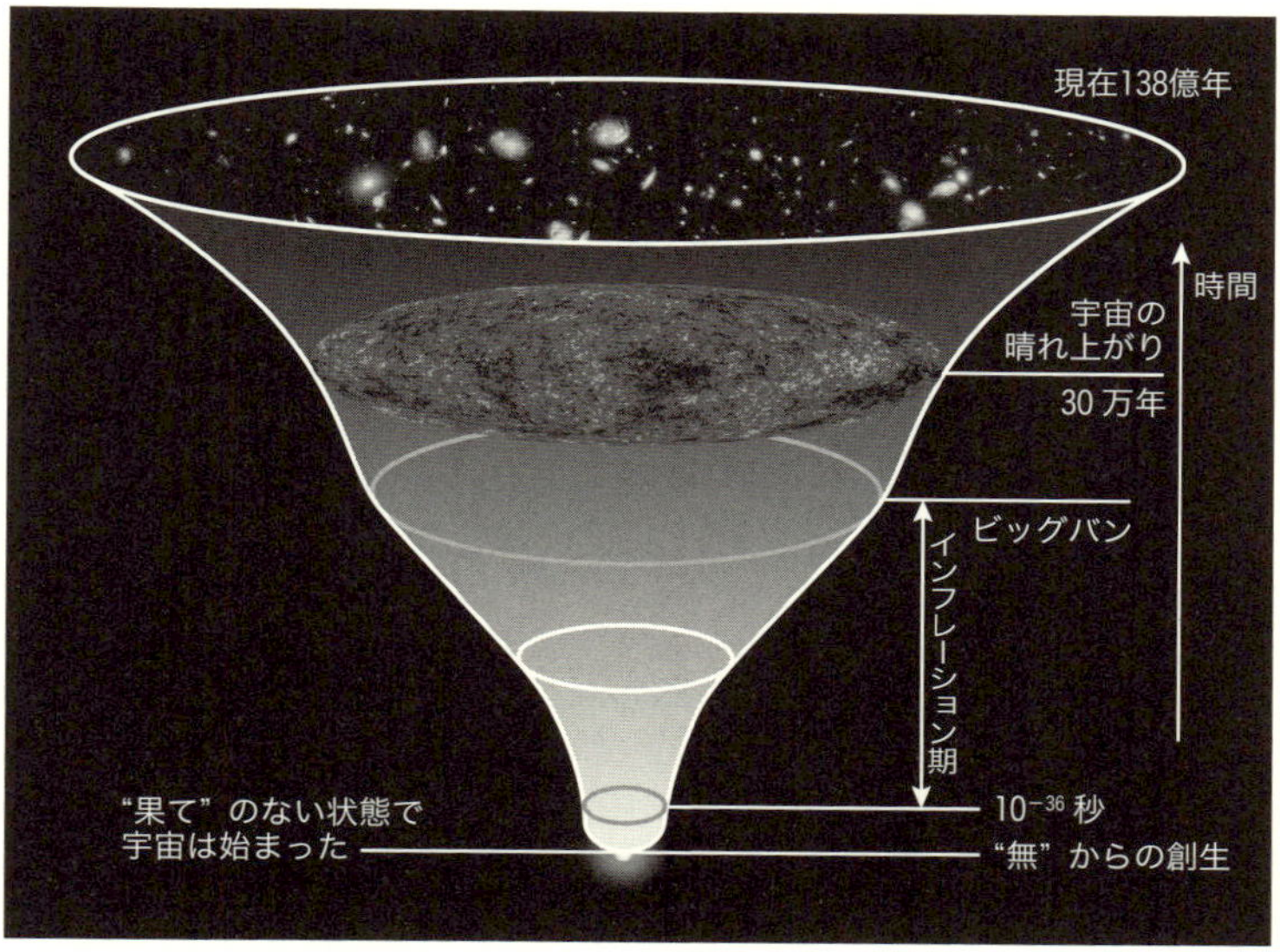

ビッグバン宇宙モデル（59ページも参照）（「理科年表オフィシャルサイト」https://www.rikanenpyo.jp/FAQ/tenmon/faq_ten_008.html 図１を改変）

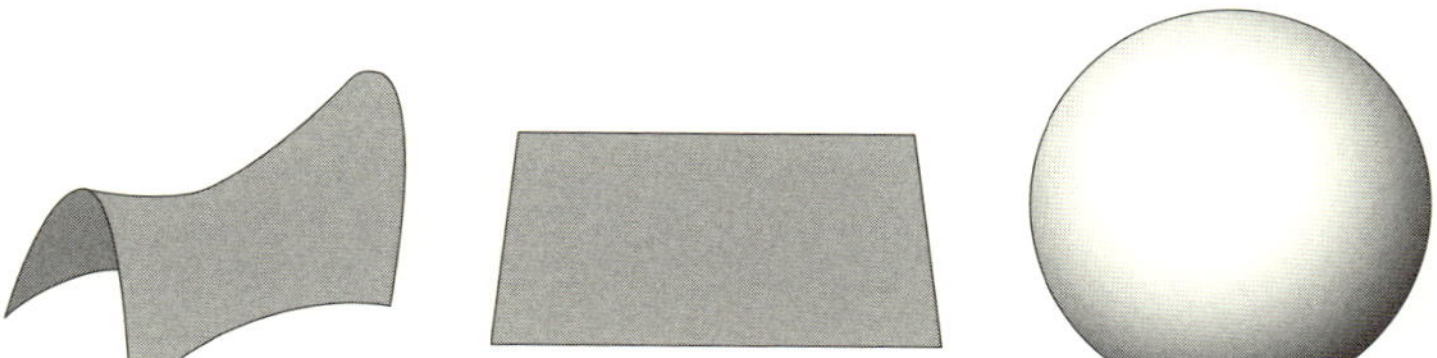

曲率と有限・無限宇宙

開いた無限宇宙になります。宇宙は、空間部分は三次元ですが、イメージしやすいように二次元版で考えると、正の曲率の場合は地球の表面、負の曲率は馬の鞍の形の曲面に対応します。曲率の正負は、三点の最短距離を面上でつないで三角形を作ったときに、その三角形の面積が平面の場合より大きければ曲率は正で、小さければ負です。正の曲率では地球表面のように、ずっと面を遠くに伸ばしていけば、いずれ元の場所にも戻って閉じてしまい、全表面積は有限になります。馬の鞍の場合は閉じないで全表面積は無限になることがイメージできるのではないかと思います。曲率ゼロの平坦な場合も閉じないで全表面積は無限になります。

私たちの宇宙に果てはない

膨張宇宙は、この面の曲がり方を保ったまま縮尺が時間とともに変わっていきます。曲率が正の場合は、二次元の場合で考えると、元に戻すと球面の半径が小さくなって、全表面積も微小に近づいていきます。ですが、馬の鞍型の曲率が負の場合や平面の曲率ゼロの無限宇宙ならば、いくら過去に戻しても、宇宙は空間的に無限であることには変わりはありません。無限宇宙の場合は、ビッグバンのとき、とんでもない高密度ではあったのですが、無限宇宙は最初から無限であって果てはありません。インフレーションがあると、最初にぐっと引き伸ばされて、曲率が小さく平坦に近い宇宙になります。観測からは、私たちの宇宙は観測精度の範囲内で曲率ゼロになっていて、限りなく平坦であるということがわかっています。

一般講演会で系外惑星や地球外生命の話をしても、「宇宙の果てはどうなっているのですか?」「その果ての外側はどうなっているのですか？」という質問を受けることが多いのですが、いつもうまく説明できずに苦労しています。観測が示している宇宙は平坦で無限なので、「観測結果に従うと、果てはないということになります」というと、いつも困った顔をされてしまいます。面上しか認識できない者にとって、面の垂直方向の「外側」を問うということは意味がないというのと同じように、宇宙の果てや、その外側はどうなっているのかと問うことには意味がありません。筆者自身も、ビッグバンのときから無限宇宙ということは理屈ではわかっていても、もちろん感覚的には実感できていないところがあるので、講演会でのこの質問に答えるのはたやすくありません。「宇宙は一三八億年の有限の過去に誕生して、光の速度つまり情報伝達の最大の速度も有限なので、一三八億年で光が伝わることができる範囲が認識できる宇宙で、それは有限です」と逃げてしまうこともあります。ここでの説明はどうでしょうか。

実在するダークマター

ビッグバン宇宙の話では、宇宙が広がるか縮まるかということをお話ししましたが、広がりも縮まりもしない釣り合った状態もあります。たとえば、地球は太陽の強大な重力を受けていますが、太陽から一定の距離をとっています。太陽に落ちないのは、地球が太陽のまわりを回り続けていて、遠心力が生じて重力に対抗しているからです。ボールを投げるときの話も、真上ではなく、真横に十分なスピードで投げた際には、空気抵抗が効かなければ、永遠に回り続けることができます。

私たちが地面の上に立っているというのは、地球の重力を受けて、足の裏にかかる地面からの圧力がその重力に釣り合っている状態になります。つまり、足の裏の圧力を測れば、重力の強さがわかって、地球の重さがわかることになります。同じように、地球が太陽を周回していて、遠心力と重力が釣り合っているときは、太陽から地球までの距離と回転速度がわかれば遠心力が計算できるので、太陽の重さがわかります。

太陽は銀河系のまわりを二億年あまりで周回していますが、太陽が受ける遠心力は太陽の軌道の内側にある銀河系の物体（星やガス）すべてから受ける重力の合計と釣り合っているはずです。太陽の銀河系内での運動を精密に観測すれば、遠心力の大きさがわかり、銀河系の物質の総質量が推定できることになります。そのようにして推定した物質総質量は、銀河系にある星やガスより何倍も大きいことが一九七〇年代にわかりました。この物質は星やガスのように光や電磁波を発していないので、「ダークマター」と呼ばれています。銀河も多数集まって銀河団を作っていますが、同じように各銀河の動きを調べると、銀河団の中にもダークマターが大量に存在しないと、銀河の運動が説明できないことがわかりました。

ダークマターは、重力を及ぼしているので、たしかに存在する物質のはずです。ですが、まだ正体はわかりません。正体不明で気持ちが悪かろうが、重力のデータが存在を示している以上、認めざるを得ませんでした。

そうなると、地球のまわりにもダークマターがあるということになり、それが何か影響を与えないのか、気になります。たとえば、地球の軌道をずらしたりしないのかということは、科学者でも気になることですが、銀河系でのダークマターの推定平均密度を使って見積もると、太陽系の領域に分布

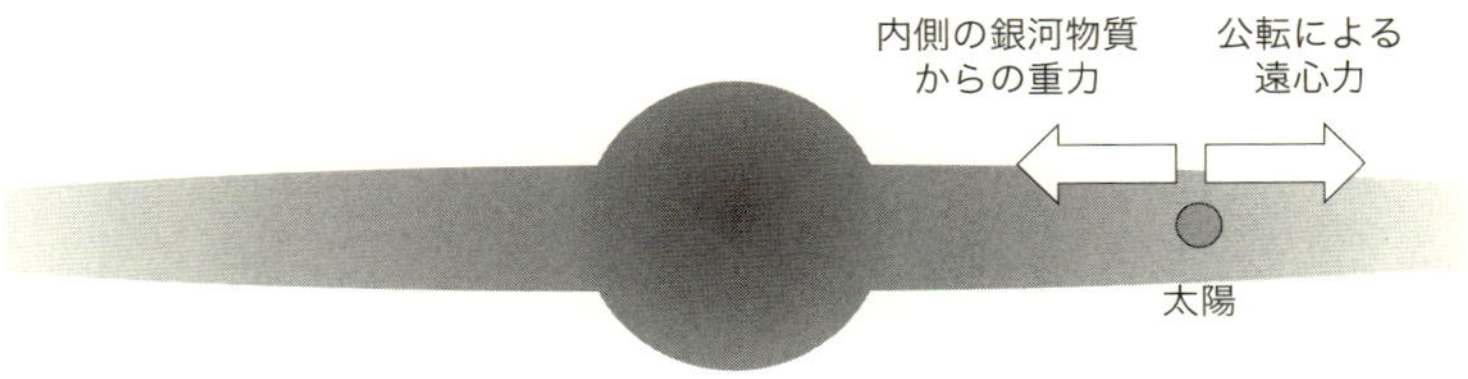

銀河系
（銀河物質：恒星、ガス、ダークマター）

太陽は銀河中心のまわりを公転していて、公転による遠心力と重力がつり合っている

しているダークマターの総質量は地球質量の一〇〇億分の一程度にすぎないことがわかります。それが惑星や衛星の運動に与える影響は、到底測定できないほど小さいものです。しかし、銀河や銀河団のスケールになると薄くても満遍なく分布していることで、ダークマターの総質量は大きくなって、星や銀河はその重力を感じて運動が変化するのです。

このように、ダークマターは、日常生活はもとより、太陽系の構造や惑星の運動という部分でもまったく無視できるので、そういうものが存在しているという感覚は持ちようがありません。しかし、データ、証明、グラフなどの決まったフォーマットに則った論理で示されると、いかに自分の感覚と合わなくても認めるというのが、科学者の習性です。

もちろん、それまでの常識をひっくり返すような説や発見の報告ならば、反論も多数出ます。たとえば、ビッグバン宇宙モデルは、それを認めてしまうと、宇宙は有限の過去に生まれて、その前は何もなかったということになってしまうという、感覚的に受け入れがたい恐ろしいアイデアなので、ホイルをはじめとして一部の科学者たちにも非常に強い抵抗がありました。かなり長い間、論争が続きましたが、天体観測データを合理的に説明するのにはその考えを採用するほかはなかったので、最終的に認められ、コンセンサスとなりました。

「常識」ではなく、データで判断する

量子力学の「異なる状態が重なり合っている状態を、誰かが観測することで、その状態のうちのひとつがある確率のもとに選ばれる」という考え方には、相対性理論を生み出したアインシュタインでも強い抵抗を示し、「神はサイコロを振らない」と語ったといわれています。ある原因があれば、必ずある結果につながるという因果律が、量子力学が扱うようなミクロの世界では破綻しているということなので、それは簡単には納得できません。しかし、データが示している以上、認めざるを得ないのです。ちなみに、この量子力学の性質は、物理現象に観測者が介在するというように見えるので「観測問題」と呼ばれており、哲学からの関心も集めました。ですが、量子力学の場合の観測者は人間である必要はないようなので、哲学の相関主義とは必ずしも一致しません。[3]

よく考えてみると、「常識」とは何かというと、自分の経験のつみかさねです。人生の長さ分のつみかさねか、せいぜい数千年の人類の経験の蓄積から導き出せる知恵です。それを地球規模の話や宇宙の話、逆にミクロの世界にも適用できるという考えのほうがおかしいのです。科学データにもとづいて「こんな大地震が起こるわけはない」という発言をたまに見かけますが、それはたかだか一〇〇年くらいのデータではそうなっているというだけで、プレート運動は何億年もかけて起こるわけですし、小さな日本列島の形成にしても何千万年もかかって起こったのです。それに比べたらはるかに短

い一〇〇年くらいのデータで、プレート運動に伴う現象を完全に予測するのはそもそも不可能なのです。

頼りない常識といったものやセンスなどという感覚的なものに依存せずに、物事を見るために、科学者たちは、データの正確さや式の変形の厳密さ、グラフの書き方などにたいへんこだわるのです。そのことで、融通が利かないとか固いとかいわれたりするのですが、それが科学者のあり方で、一般の人とは違うところなのかもしれません。

プロローグで少しお話ししたホット・ジュピターも常識を覆すものでしたが、データが明確に示していたため、科学者たちはすぐに認めました。今後、地球外生命が見つかるかもしれません。2－4章でお話しするように、地球生命は多様に見えて一系統です。近年発見された深海や地底といった極限環境に住む微生物は、同じ仲間ではありますが、私たちの身のまわりの生命から得られる常識を塗り替えてきました。地球外生命ともなれば、地球生命の常識を根底から覆すものになると予想され、生命と認めるのはたやすくないだろうと思いますが、データがそれを示せば、それを認めるしかないわけです。

ダークマターの正体はニュートリノではなく未知の素粒子？

ダークマターの話に戻ると、ダークマターの正体としては、素粒子のニュートリノが候補に挙がっていたときもありました。ニュートリノという粒子があることはわかっていたのですが、物質をすかすかと通り抜けてしまうので、質量など、そのニュートリノの性質はよくわかっていませんでした。

一九八七年、隣の銀河の大マゼラン雲で起きた超新星爆発から大量に降り注いだニュートリノを、岐阜県の神岡鉱山に設置した三〇〇〇トンもの水を湛える大水槽「カミオカンデ」を使って測定することに成功しました。膨大な量が降り注いだので、物質をほとんど通り抜けるニュートリノでも、ごく一部がカミオカンデに捕まったのです。これで小柴昌俊は二〇〇二年にノーベル物理学賞を受賞し、改造版の「スーパーカミオカンデ」を使った研究で、梶田隆章は二〇一五年にノーベル物理学賞を受賞しました。

ちなみに、カミオカンデの本来の目的は大統一理論というものが予言した陽子崩壊の現象を捉えることでした。しかし、カミオカンデ完成から三〇年を経て、未だに陽子崩壊は検出されていません。目的を達成できていないとなると、一般社会の考え方だと、税金の無駄使いだったということになるかもしれません。たしかに想定した工程表通りにはいかなかったのですが、そういう目的のために超高精度の装置を作ったからこそ、思いがけず起きた超新星爆発のニュートリノを捕らえることができたのです。だからといって、昨今の限られた科学予算においては、新しい装置開発にどんどん予算配分せよと強弁するのは難しくなっています。

さて、カミオカンデでの検出で、ニュートリノの質量の上限値がわかりました。その質量の上限値を考えると、どうがんばっても、ダークマターを説明するには足りないことがわかりました。ダークマターの正体はニュートリノではないようです。他の未知の素粒子ではないかと候補は挙がっていますが、まだ決着がついていません。

最新の観測データによると、宇宙の中には、光を発していて目に見える星やガスなどをすべて合計

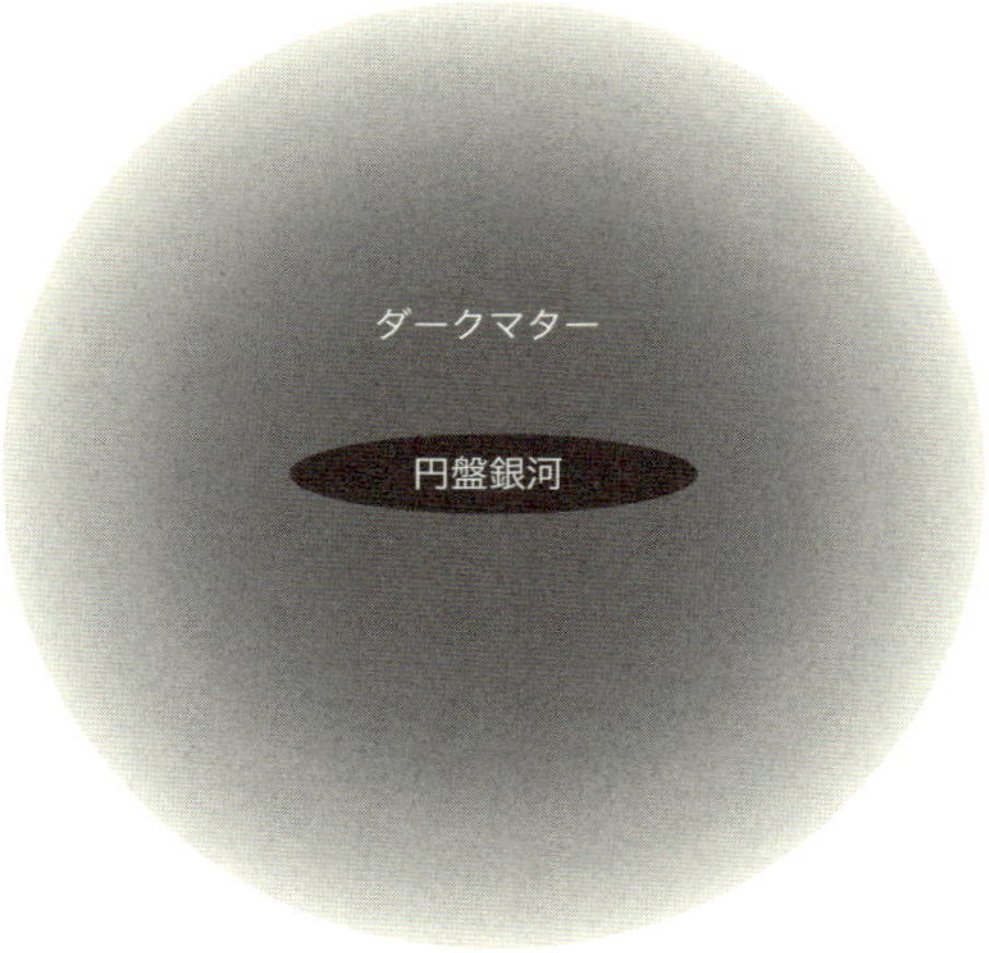

ダークマターは球状に分布している

した質量の五倍もの総質量のダークマターが存在しているようです。銀河の本体も、見えないダークマターが形作っていて、ダークマターの重力で水素やヘリウムのガスが引き寄せられて、そこで恒星が作られて光っているのが「銀河」として見えているということです。私たちの銀河系は円盤状の渦巻き銀河ですが、どうもダークマターは球状に分布していて、水素やヘリウムのガスがその赤道面近くに集まって光っているために、見かけ上、円盤に見えると考えられています。

つまり、見えている姿が本当の姿ではないのです。地球の生物も一見すると、動物や植物が目立ちますが、目に見えない膨大な数の微生物が生息しており、生命かどうか議論が続くウイルスも膨大な数にのぼり、そういうものも含めて考えないと、地球の生命圏の全体像はわからないのです。

1-3 ヒッグス粒子、重力波
——予測され、準備されていた発見

満を持しての発見

ヒッグス粒子は宇宙開闢《かいびゃく》の頃に素粒子の質量を生み出したヒッグス機構に関わる粒子です。イギリスの物理学者ピーター・ヒッグスが一九六四年に提唱しましたが、発見までの道のりは長く、提唱から半世紀後の二〇一二年にようやく発見が確実視されました。(4) 翌年の二〇一三年には異例の早さで、提唱者のヒッグスらにノーベル物理学賞が授与されました。筆者も大学生のときにヒッグス粒子の話を知ったので、二〇一二年にヒッグス粒子発見というニュースを聞いたときは感慨深いものがありました。ヒッグス粒子が発見されてしまったら次は何を目指すのだろうかと心配になるくらい、重要な発見でした。

ヒッグス粒子は質量を与える粒子と呼ばれますが、その意味は、宇宙開闢時には粒子は皆、光のように質量を持っていなかったのが、真空に充満したヒッグス粒子の場（ヒッグス場）の中を通り抜けるときに抵抗のようなものを受けることで、光速で動くことはできなくなった、つまり質量を持ったと考えられるということです。抵抗の強さは粒子によって違ったので、粒子ごとに獲得した質量も異なり、光は抵抗を受けなかったので、質量ゼロのまま残ったということになります。

一方、重力波は一般相対性理論によって予言されたもので、ブラックホールの合体などが作る空間の微小な歪みが波として伝播するというものです。一般相対性理論発表から一世紀後の二〇一五年にやっと検出されました。この発見に対しても、二〇一七年に観測チームのメンバーにノーベル物理学賞が、すぐさま授与されました(5)。

一般相対性理論では質量やエネルギーを持つ物体は時空を歪めると考えられるのですが、物体が動くと、その時空の歪みが波のように伝播します。これが重力波です。ブラックホールのような強力な重力を発するもののまわりでは特に強い波が生じます。二つのブラックホールがお互いの重力で引っ張り合いながら回っていると、生じた重力波の放出によってエネルギーが奪われるため、遠心力が弱まり、二つのブラックホールはさらに近づきます。すると重力がより強くなるため、ますます速く回るようになり、さらに強い重力波が発生して……という具合になって、最終的にブラックホールは合体します。合体直前には非常に強力な重力波が発生するので、はるか離れた地球でもその波を検出できるのです。

ヒッグス粒子と重力波の発見は、マスメディアでも大々的に報道され、「神の粒子＝ヒッグス粒子」とか「〝アインシュタイン最後の宿題〟時空のさざ波＝重力波」というようなキャッチフレーズもついて、一般の人々の間でもたいへん大きな話題になりました。ただし、その内容について実感を持って理解するのは、ある程度の物理学の知識をもった人でも、それほど簡単ではないように思われます。しかし、そのキャッチフレーズから想起される、この宇宙の秘密の鍵が発見されたというような壮大なイメージは、一般の人々にも魅力だったのかもしれません。

科学者の側からすると、もちろんこれらはすばらしい偉業ですが、天地をひっくり返すような仰天の発見かというと、そうではありませんでした。それは検出のニュースからわずか一、二年でノーベル物理学賞を授与されたことでもわかります。ノーベル賞は、少なくとも科学分野では、その業績の評価がすでに定まったものに授与されることになっています。つまりヒッグス粒子や重力波の発見は、すでに巨大プロジェクトの進行によって間近だと期待されていて、これらの評価はすでに定まっており、その実際の確認が今か今かと待たれていたということです。たしかにヒッグス粒子の質量には不定性がありましたが、その性質はよく予測されていました。重力波も一〇〇年以上も前に提出された一般相対性理論から予測されていました。満を持しての検出だったわけです。

ビッグサイエンス

発見のためには、いかにして巨大な加速器を作ってヒッグス粒子を生成するのか、いかにして超精密な装置を作って重力波を検出するのかということが鍵を握っていました。

ヒッグス粒子を人工的に生成して確認したのは、フランスとスイス国境にある欧州原子核研究機構（ＣＥＲＮ）に建設された、全長二七キロメートルに及ぶ巨大粒子衝突加速器ＬＨＣを使った実験です。これは、建設予算五千億円、年間維持費一千億円、研究者数千人を擁する巨大チームによる国際連携の巨大プロジェクトです。

重力波を検出したＬＩＧＯも建設予算が一千億円に近い最新鋭のレーザー干渉計です。これもまた千人の研究者を擁する巨大チームのプロジェクトで、重力波が通り過ぎるときに一対の鏡の距離が微妙に変化するのを超精密に測るものです。

このような巨大予算、巨大チームによる自然科学研究は「ビッグサイエンス」と呼ばれ、現代の科学の一側面を表すものです。論文には膨大な数の著者が並び、著者の順番をどう決めるのかが問題になるので、アルファベット順の並べ方が採用されることもあります。

これらは、先に述べた初の系外惑星「ホット・ジュピター」の発見とは極めて対照的です。ホット・ジュピターを発見したチームはミシェル・マイヨールとその学生のディディエ・ケローのたった二人で構成されていて、「チーム」と呼ぶことも憚られるような規模でした。予算も、そもそもヒッグス粒子や重力波検出と比べるというレベルにない家内産業的なものでした。それに加えて、ホット・ジュピターの存在は、ヒッグス粒子や重力波の場合とは違って、誰も想像しておらず、その発見は天地をひっくり返すような歴史的なものでした。あまりに想定外で評価が定まるどころではなく、その発見のインパクトの大きさにもかかわらず、ノーベル賞の授与は遅れに遅れて、発見から二四年後の二〇一九年になってからでした。

系外惑星探しは、新たな衛星望遠鏡計画など、近年では大型化してきていますが、それでもヒッグス粒子や重力波のプロジェクトに比べたら、予算額もまだ一〜二桁くらい小さく、チームの人数も一〇名とかせいぜい一〇〇名といった具合で、ビッグサイエンスと呼ばれるようなものにはなっていません。

ビッグサイエンスは個人の研究者では到底達成できないような大きな成果をチーム一丸で達成するものです。一方で、研究者個々人が埋もれてしまうという側面もあります。個人レベルの研究は自由に進められる反面、現代においては、その規模に応じた成果にとどまることが多く、巨大チームのプロジェクトに加わるのか、個人プレイの研究で奮闘するのかは、研究者にとって大きな選択になっています。

そういう中で系外惑星の発見は、個人レベルの研究で人々の世界観をも揺るがすものなので、近年ではたいへんめずらしいものでした。系外惑星研究は現在でこそ大型化してきていますが、何かが発見されるのは確実だろうけれど、一体何が発見されるのか予想がつかないという状況に依然としてあって、そういう点もたいへんめずらしい研究分野だと思います。

ヒッグス粒子や重力波の発見は、理論的予測に沿った期待通りの発見だったわけですが、同じビッグサイエンスでも、予測とは違う大発見をすることがあります。1－2章でも述べたカミオカンデでのニュートリノの検出はそのひとつです。惑星探査もビッグサイエンスですが、エンケラドスからの水蒸気噴出は、誰も予想していなかった大発見でした。NASAとESA（欧州宇宙機構）共同プロジェクトの探査機カッシーニの目的は、土星のリングや大型衛星タイタンの観測でしたが、通りがかりに、土星の小さな氷衛星のエンケラドスの表面から有機物混じりの水蒸気が噴いているのを発見したのでした。これは、地球以外で生命が存在している可能性が高い場所が現実に見つかったという、天地をひっくり返すような大発見です。

多様な系外惑星の発見とエンケラドスの水蒸気噴出の発見はともに、それまでの科学者の地球外生命に関する考え方を刷新して、SF小説の範疇でしかなかった地球外生命に関する科学的研究をスタートさせるという大きな波及効果をもちました。

ヒッグス粒子や重力波の発見も偉大な発見ですが、多様な系外惑星の発見とエンケラドスの水蒸気噴出の発見はずいぶんと意味合いが異なるものだったわけです。

系外惑星を初めて発見した天文学者ミシェル・マイヨール（右）と著者（左）

1-4 ダークエネルギー、超ひも理論、ブレーン・ワールド
――魅力的な仮説

証明された膨張宇宙

ダークマター、ダークエネルギーという言葉は、宇宙論に興味がある人はよく聞く言葉だと思います。すでにダークマターは説明しましたが、ダークエネルギーの話をするために、まずは膨張宇宙論（ビッグバン宇宙論）の歴史を簡単に振り返っておきましょう。

一九二九年、エドウィン・ハッブル（NASAのハッブル宇宙望遠鏡は彼にちなんで命名されました）は、遠い銀河ほど大きな速度で遠ざかっていることを発見しました。これを「ハッブルの法則」と呼びますが、ベルギーのカトリック司祭でもあったジョルジュ・ルメートルはハッブルの前に膨張宇宙の論文を発表していたので、「ハッブル-ルメートルの法則」とも呼ばれます。どの方向の銀河も同じように遠ざかっているので、宇宙全体が均等に膨張しているという解釈ができ、「膨張宇宙モデル」が誕生しました。

遠くの銀河がわれわれから遠ざかっているということは、銀河からの光の色が赤っぽくなっているということからわかりました。救急車のサイレンの音が、近づいて来るときは高く、通り過ぎると低くなる現象をドップラー効果といいます。近づいてくるときは音波が押し縮められて音が高くなり、

遠ざかるときは引き伸ばされて音が低くなるという効果です。光も波の性質を持つので、天体が遠ざかっていく場合、光の波はひき伸ばされて赤く見えるようになり、赤くなる度合いは遠ざかる速度が大きいほど強くなります。この原理を使って、遠くの銀河の遠ざかる速度を見積もったのです。

一方で、宇宙の全体質量の四分の三が、陽子ひとつでできている、もっとも単純な元素の水素で構成され、その残りのほとんどは水素の次に単純な安定元素のヘリウムです。このことを説明するためには、宇宙には非常に高温の時代があって、急激に温度が下がっていかなければならないということを、（すでに登場した）ジョージ・ガモフが一九四六年に提案しました。「火の玉宇宙モデル」です。

ハッブルの「膨張宇宙モデル」とガモフの「火の玉宇宙モデル」が合体して、ビッグバン宇宙モデルが確立しました。そして、一九六四年に火の玉宇宙の名残である宇宙背景放射がアーノ・ペンジアスとロバート・W・ウィルソンによって発見され、ビッグバン宇宙論は確実なものとなりました。

火の玉宇宙の残光が今でも見えているはずだと予言したのはガモフです。宇宙初期の高温状態では、陽子も電子もばらばらになっていて、光はそのばらばらの電子と反応してしまって、なかなかまっすぐに進めません。塵に水が凝縮した水粒がたくさんできると光がまっすぐに進めないため、霧になるというのと同じような現象です。

やがて宇宙が膨張して、ビッグバンから三〇万年たって温度が三〇〇〇℃以下くらいになると、陽子と電子が結合して水素原子になるので、電子は縛りつけられて、光との相互作用が弱くなり、光はまっすぐに飛ぶようになります。これが「宇宙の晴れ上がり」と呼ばれている宇宙膨張史におけるイベントです。

光速は有限なので、遠方を見ると、それは過去の姿ということになります。その遠方の光が実際に発せられたのは、そのときの距離を光速で割った時間だけ前の時刻ということになるからです。たとえば、太陽までの距離は一億五〇〇〇万キロメートルで、光速は秒速三〇万キロメートルなので、私たちが目にする太陽の姿は五〇〇秒前、つまり約八分前の姿だということになります。アンドロメダ大星雲は暗い空のもとでは肉眼でも見えますが、それは私たちの銀河系から約二五〇万光年の彼方にある銀河なので、今私たちの目に見えている姿は二五〇万年前のものだということになります。

果てしなく遠くを見れば、原理的には一三八億年前の宇宙創成の頃の姿が見えるということになります。宇宙創成の頃に出た光が長い長い旅を経て、今、地球に届いているということです。ところが、それは光が邪魔されずにまっすぐ進めるとしたときの話です。光は霧の中ではまっすぐに進めないので、一番遠くに見えるものは、晴れ上がった直後の宇宙、つまり三〇〇〇℃の霧の表面だということになります。それより遠くの宇宙、つまりそれより昔の宇宙は霧がかかっているので、そこから出た光は、そこよりわれわれに対して前方の場所で吸収されてしまい、われわれには直接届くことがないので、見えないということになるのです。

一様に膨張している宇宙では、遠い場所ほど速く後退しているので、その霧の表面は光速に近い、非常に大きな速度で遠ざかっていることになります。そのため、霧の表面からの光はドップラー効果で波長（波の間隔）が大きく引き伸ばされてしまっていて、もともとは白熱灯くらいの色の光だったのが、電波と呼ばれる、赤外線よりもさらに長い波長の波になります。

つまり、宇宙の果てを観測すると、どの方向からも電波が出ているように見えるはずだとガモフは考えたわけです。これを宇宙背景放射と呼びます。それが思いがけず、ペンジアスとウィルソンによって発見されたのです。

この大発見も当初の目的とは違う偶然の発見でした。ペンジアスとウィルソンは、宇宙から来るいろいろな電波の検出用の高性能アンテナを開発していたのですが、実験してみるとどうしても起源のわからない雑音電波が残りました。当時、インターネットもなく、悩んだ彼らは人を介して、物理学者に相談したところ、それがビッグバンの名残だということがわかったのです。

ペンジアスとウィルソンは一九七八年にノーベル物理学賞を受賞しました。すでに述べたように、ビッグバン宇宙という概念は、感覚的にはなかなか受け入れられないところがあったのですが、宇宙背景放射というあまりに決定的な証拠が現れたので、科学者たちはみな受け入れたのです。

ここでちょっと注意してほしいのは、科学は「検証・実証」を基礎としているとよくいわれますが、それは「再現可能」とは一致しないということです。ビッグバンははるか昔に終わっているので、それを再現することはできません。だからといって、「ビッグバン宇宙論は科学ではない」ということにはなりません。ビッグバンの名残が存在していることは実証できたわけで、それをもってビッグバンは本当に起きたと受容されたわけです。生命の誕生や進化も再現実験できない可能性がありますが、さまざまな方法で検証・実証は進んでいます。

加速膨張の観測とダークエネルギー仮説

二〇世紀の終わり頃に、この宇宙膨張の歴史が詳しく調べられました。光の速度は一定なので、遠くの銀河の後退速度を測れば、過去の宇宙の膨張速度がわかることになります。問題となるのは、遠くの銀河までの距離をどうやって正確に調べるのかということですが、画期的な方法がみつかりました。Ｉａ型と呼ばれるタイプの超新星を観測する方法です。超新星とは、恒星が何らかの原因で爆発して、猛烈に増光し、だんだん暗くなっていく現象ですが、Ｉａ型の超新星の明るさの変化が非常に規則正しいことがわかったので、各銀河でこのタイプの超新星を探せば、見かけの明るさから距離を正確に見積もることができるのです。遠いものほど暗く見えるので、もとの明るさがわかると、距離がわかるということです。その銀河の光のドップラー偏移を観測すれば、後退速度がわかるので、距離と後退速度の関係を調べることができます。

この測定の結果、驚くべきことがわかりました。宇宙は一三八億年ほど前に誕生して膨張を続けているのですが、六〇〜七〇億年ほど前からその膨張が加速しているというのです。ビッグバンの説明として、ボールを投げ上げる例を挙げました。ボールは重力に引かれてだんだん減速していくはずです。同じようにビッグバン宇宙モデルの膨張の減速の仕方は正確に予測できるのですが、それと比べると、宇宙膨張は途中から再度加速しているようなのです。この宇宙の加速膨張の発見に対して、二つの独立な観測チームの中心研究者にノーベル物理学賞が二〇一一年に授与されました。

この加速膨張の原因として、ダークエネルギーというアイデアが出てきます。宇宙の光や物質のエネルギーの密度は宇宙膨張にしたがって下がっていきますが、宇宙には膨張であまり変化しない圧力のようなエネルギーが仮に存在するとしましょう。宇宙のエネルギー密度は下駄を履いているとするわけです。そうすると、はじめの頃は光や物質のエネルギーが莫大なので、その下駄の分の謎の圧力エネルギーは宇宙膨張に影響しないのですが、膨張が続いて光や物質のエネルギーが謎の圧力と同じようなレベルに下がってくると、その圧力が効いてきて、膨張が後押しされるようになって、加速されることになります。この謎の圧力エネルギーを「ダークエネルギー」と呼んでいます。

膨張の加速の具合を換算すると、ダークエネルギーは現在の光のエネルギーや物質の質量エネルギーの合計の数十倍というような値になってしまいます。ダークマターを入れても光や物質のエネルギーの数倍です。正体不明のエネルギーが宇宙の大半を占めているということになるのです。

ここで気をつけなくてはいけないのは、先に述べたように、ダークマターに関しては、重力が測定されている以上、そういう物質が存在していることは確かであって、単に光を発していないので、望遠鏡で観測できないためにまだ正体がわからないというだけのことです。それに対して、ダークエネルギーは、宇宙の加速膨張を説明するひとつの仮説であって、そういうエネルギーが本当に存在するかどうかもまだわからないのです。ノーベル賞は宇宙の加速膨張の観測に対して与えられたもので、ダークエネルギーのアイデアに対して与えられたものではありません。ダークエネルギーはまだ推論のひとつなのです。ダークエネルギーは宇宙の加速膨張に対する有力な説だとは考えられていますが、どのようにしてその説を実証していけばいいのかも十分にはわかっていないのです。

「あの世」に挑戦する超ひも理論、ブレーン・ワールド

この宇宙には四つの力が存在します。「重力」、「電磁気力」、「強い力」（核力）、「弱い力」です。宇宙が生まれたときに、ひとつだった力がこれら四つの力に分かれていったのではないかと考えられて

います。もし、そうならば、これらの四つの力は統一的に記述できるはずです。一九世紀なかばに電気の力と磁気の力を統一的に電磁気力として記述するマックスウェル方程式が完成しました。そして、一九六〇年代に電磁気力と弱い力を統一するワインバーグ－サラム理論というものが作られ、一九七九年にノーベル物理学賞が授与されました。現在では、さらに強い力も取り入れた大統一理論が完成に向かっていこうとしています。

問題となるのが、重力も含めた統一場理論です。電磁気や弱い力、強い力の統一の延長では、どうも重力まで入れた統一は困難だということは何十年も前からいわれていました。そこで注目を浴びているのが、超ひも理論です。超弦理論とかスーパー・ストリング理論と呼ばれることもあります。超ひも理論自体はなかなか実証が難しいのですが、重力も取り入れられる可能性がある、究極の理論になるのではないかと期待されているのです。

私たちが知っている物質は分子でできていて、分子は原子と電子でできています。その原子は陽子と中性子でできています。素粒子とは、それ以上分解できない基本の粒子のことを指し、一時期は、電子や光子の他に陽子と中性子が素粒子だと考えられていたこともありました。高校物理で習うのはここまでかもしれません。しかし、ニュートリノやμ粒子など、どんどん素粒子は増え（ヒッグス粒子も素粒子です）、陽子と中性子は六種類のクォークとよばれる基本粒子でできているとわかりました。クォークは単体で取り出すことはできませんが、その存在は間接的に実験で証明されています。

これだけ素粒子の種類が増えると、それらが基本単位ではないような気がします。そこで登場するのが「ひも（弦）」です。素粒子は体積ゼロの点だと考えられてきたのですが、そうではなく、振動しているひもだと考え、振動の仕方によって、いろいろな素粒子に見えるとするのです。ひもが存在する世界は一〇次元で、私たちが住んでいる三次元空間に時間がプラスされた四次元時空間の宇宙は、その一〇次元に浮かぶ膜（ブレーン）のようなもので、残りの六次元は折りたたまれてしまっているという考えです。このような考えをブレーン・ワールドと呼びます。ブレーン・ワールドの中で、ブレーン、つまり宇宙はたくさん存在し（マルチバース理論、多元宇宙理論と呼ばれます）、ブレーン同士が衝突するとビッグバンが起こるという考えもあります。

超ひも理論は重力をも含んだ素粒子の究極の理論となり得る可能性を持ち、数学的に美しく、論理的整合性があるので、物理学者を魅了し、現在、多くの物理学者が精力的に研究を続けています。

素粒子の種類が多いから、さらなる仮想の基本単位を考えるというのは、宇宙の誕生進化の過程でシンプルなものから多様性は生まれるという信念から来ていると思います。ひとつだった力が四つに分かれたという考えもそうです。この信念は人間の思いに他ならないかもしれませんが、そういう考えで物理学が発展してきたという実績があり、腑に落ちる考えだと多くの科学者が思っています。

超ひも理論やブレーン・ワールドはその難解さにも関わらず、たいへん人気があります。一方で、基礎物理学の分野以外の研究者からは冷ややかに見られることもあります。基礎物理学の研究者の中にも懐疑派がいます。それは、超ひも理論やブレーン・ワールドの検証や実証が極めて難しいようにみえるからです。もし、検証や実証が本当にできないならば、想像にしかすぎず、科学とはいえないのではないかということです（検証、実証の可能性については、まだ議論中です）。

一般の人にもたいへん人気があるのは、その壮大なストーリーとともに、究極のおおもとは、簡潔で美しくあるべきという信念がわかりやすいからということもあるかもしれません。検証や実証という話になると、何層にも論理が重なっていったり、実験・観測装置の開発の苦労や、数値データの解釈など、話がややこしくなる傾向があり、泥臭くなりがちです。それがないからこそ、かえっていいのかもしれません。

科学の天地創造ストーリーは救済になり得るのか?

ここまで述べてきた「天空の科学」は、天地創造というものをも超えたストーリーを紡ぎ出すに至っています。ダークエネルギー、超ひも理論、ブレーン・ワールドなどに至ると、科学の基本であるはずの検証・実証すらできない可能性もある途方もない話です。「あの世の科学」と表現してもいいかもしれません。なのにというか、だからこそなのか、そのような壮大なストーリーは、専門の科学者だけではなく一般の人々をも魅了してやみません。

かつては、天地創造の壮大なストーリーや大いなる未来の予言は、宗教によって提示されてきました。宗教は、それだけではなく、日常生活にも接続していて、現実の目の前にある苦しみから人々をわかりやすい方法で救いだそうともします。

しかし、人々の現実世界に、それぞれの異なる流儀で接続しているからこそ、ときとして異なる宗教間での争いを生むことにもなります。地勢的に区切られていた時代であれば、宗教はよく機能したのですが、グローバル化して、実際の行き来も簡単になり、インターネットで瞬時に情報共有できるようになった今、宗教間での対立は顕在化しています。また、グローバル化したことで移民問題や貿易問題が起きて、逆に反グローバル化運動が加速してしまい、インターネットで情報共有が可能になったことで、逆に、人々の分断が加速しています。

科学の進歩、特に宇宙や生命分野での進歩も、宗教の教義や神話の矛盾を顕在化させています。科学と宗教の対立は、特にキリスト教との関係においては、地動説によるガリレオ裁判以来、天文学、宇宙起源論、生命進化論の取り扱いなどにおいて何百年も続いてきました（2－6章）。現代においても、カトリック教会は進化論までは認めても生命の起源においては神の存在を仮定しているようですし、生命の進化は認めてもその進化は「偉大なる知性＝神」が操作したものであるとする「インテリジェント・デザイン説」は、特にアメリカで人気があるようです（2－6章）。しかし、昨今の科学の進歩はあまりに急速です。

本章で述べた「天空の科学」の数々は、神話に代わるというより、神話をはるかに超越した壮大なストーリーを提示します。それだけでは、日常生活への接続はできませんが、第2章に述べる「私につながる科学」は日常生活へ接続します。第3章で述べる系外惑星や地球外生命、そして生命の起源といった科学は「天空」と「私」をつなげる視点を提示します。また、技術の急速な進歩により、意識とは何かということへの科学の急速なアプローチも始まっています。これらのことは、わかりやすい「救済」ではなくても、われわれの生から死を見つめること、ゴーギャンの「我々はどこから来たのか〜」のような問いに答えることを可能にし、まさに宗教にとってかわる可能性を示しているのではないでしょうか？　この問題は本書の随所で考えていきたいと思います。

それでは、次章では「私につながる科学」を紹介したいと思います。

＊注

（1）藪下信（2006）「Fred Hoyle, A Life in Science」（書評）http://www.nara-su.ac.jp/ioforum/bookreview/yabushita2006.php

（2）量子力学の観測問題に関する参考書籍は、たとえば

・Ｂ・デスパニャ『量子力学と観測の問題——現代物理の哲学的側面』亀井理訳　ダイヤモンド社　一九七一年

・並木美喜雄『量子力学入門——現代科学のミステリー』岩波書店　一九九二年

（3）「観測者」が「人間」である必要はないということは、二〇一二年ノーベル物理学賞受賞のセルジュ・アロシュの量子光学実験によって示されたのではないかとされている。

（4）ヒッグス粒子を発見したＬＨＣのＡＴＬＡＳ実験グループ　http://atlas.kek.jp/atlas.html

同　ＣＭＳ実験グループ　http://cms.cern/collaboration

（5）重力波を発見したＬＩＧＯ観測グループ　https://www.ligo.org

私につながる科学

2

私事から始まり恐縮ですが、筆者は京都大学の学部時代には素粒子論的宇宙論を勉強していました。まだ、ダークエネルギーや超ひも理論は登場していませんでしたが、ヒッグス粒子や重力波はすでに話題になっていて、インフレーション宇宙論は華々しく登場していました。京都で浮世離れした一人暮らしをしながら、まさに「天空の科学」「あの世の科学」にどっぷりと浸かっていたのですが、大学院でも引き続き素粒子論的宇宙論を研究する筆者の希望は叶わず、紆余曲折の末、東京大学の地球物理学の大学院に入学しました。地球物理学や地質学、気象学などの地球科学は、まさに足元や身のまわりを研究する学問で、身近な自然現象を莫大なデータのもとに研究していきます。実家があった東京に戻ったこともあり、うたかたの夢の時間から現実世界に戻ったような気分でした。

地球科学と素粒子物理学や宇宙論の思考方法は、まったく異なっていて、戸惑うことばかりでした。後者の人たちの多くは、身のまわりの自然観察には興味がなく、この宇宙の法則や究極の物質というようなものへの興味から研究に入っていったと思います。一方で、地球科学では身のまわりの自然観察から入った人が多く、身のまわりの自然を対象にした大量のデータの記載が重要視され、その背後の法則性の追求は机上の空論とみなされる傾向すらありました。現在でも、日本の多くの地球科学者は、天文学に近い系外惑星を敬遠する傾向があると筆者は感じています。系外惑星は多数存在しており、統計的な議論はできますが、個々の惑星について大量のデータは得られないからです。筆者は、両方の世界を実際に体験したので、地球科学における圧倒的なデータによる実証の強力さも理解できる一方で、天文学や物理学における詳細を捨象した俯瞰的な見方の重要さも理解できます。

「私につながる科学」は現実世界に接続していることから、政治的影響を無視することはできません。「天空の科学」に近い側面を持っていた原子核物理学でも、原子力爆弾、原子力発電というかたちで政治に深く関わることになりましたが、「私につながる科学」は、たとえば、環境、防災、医療といったかたちで、頻繁に政治と関わってきました。

「私につながる科学」の範囲は広大です。日本における天文学関連の学会は日本天文学会があるだけで、ほかには日本惑星科学会や日本物理学会などいくつかの学会の一部が関わる程度です。それにひきかえ、同じ地学としてひとくくりにされる地球科学関連では、数十もの細分化された学会が存在し、膨大な数の学会員を抱えています。生物・医学分野も同様です。

そのすべてを概観することはできないので、その中で筆者が多少なりとも関わりがあった分野について、「天空の科学」「あの世の科学」も経験した筆者なりの話をしたいと思います。そうすることで、広大な範囲を均等に概観するよりも、かえって「私につながる科学」における考え方やその現状が伝わるのではないかと思います。

2-1 日本人に身近な地震、火山噴火

地震のメカニズム

私たちは日々、地球の動きに脅かされています。地震、火山の噴火、「異常」気象などは、地球の活動によって生じるものです。日本列島は四枚のプレート（ユーラシアプレート、北米プレート、フィリピン海プレート、太平洋プレート）が複雑にぶつかり合って、押し合いへし合いをしているという、世界でも稀有の場所です。その結果、地震が多発し、火山が立ち並びます。プレートとは、地球表面を覆う硬く薄い岩石の殻です。プレートは大洋の中央付近にある海嶺という場所で生産されて移動していき、大陸のそばまでいくと地球の内部に沈み込んでいきます。沈む場所を海溝またはトラフと呼びます。日本列島では、その複雑なプレートの集結による押し合いへし合いによって、変化に富んだ地形が形作られ、温泉が湧き、（人間から見たら）美しく豊かな風景が形作られました。

二〇一一年の東日本大震災は北米プレートと太平洋プレートがぶつかるところで起こりました。太平洋プレートが北米プレートの下に潜り込んでいくと、歪みがたまって、ときどきその歪みが解放されます。それがプレート境界型地震です。海溝型地震とも呼ばれます。ユーラシアプレートとフィリピン海プレートがぶつかる場所が南海トラフで、そこで次の巨大地震（南海地震、東南海地震）が起こ

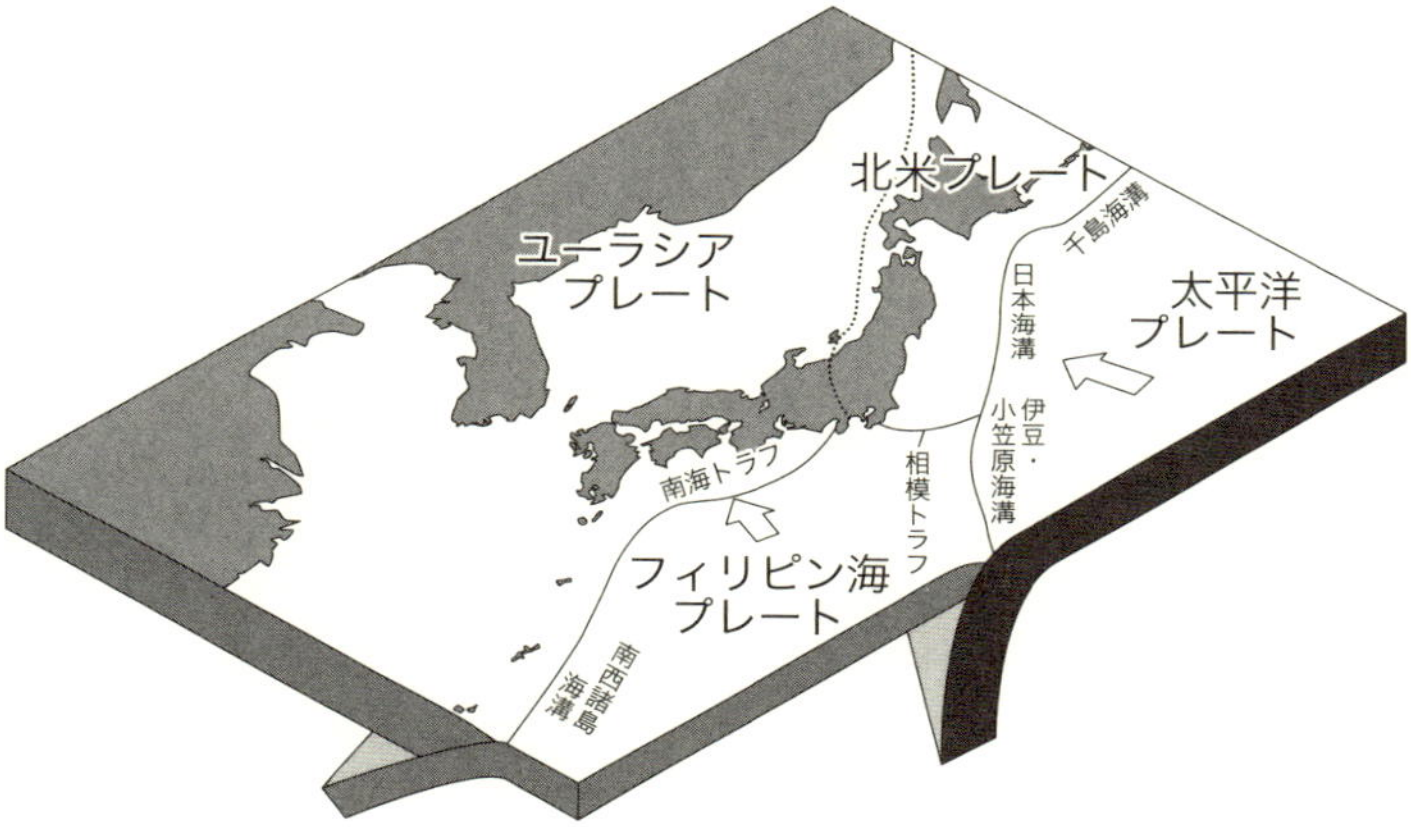

日本列島周辺のプレート構造（萩原尊禮編『日本列島の地震——地震工学と地震地体構造』（鹿島出版会）を改編）

る可能性が指摘されていて、よく報道で聞く名前だと思います。ユーラシアプレート、北米プレート、フィリピン海プレートの三つが結集している場所が駿河トラフ、相模トラフで、これらも東海地震の可能性に絡んでよく出る名前です。これらのトラフは隣り合っているので、ときとして連動して超巨大地震を引き起こすことがあります。

これだけのプレートがひしめき合っているので、日本列島には複雑に力がかかり、そこら中に亀裂が生じています。これが活断層です。この活断層もときとして、ずれます。これが活断層型（直下型）地震です。一九九五年の阪神淡路大震災や二〇一六年の熊本地震がこれにあたります。

プレートや断層付近にどれくらいの歪みがたまっているのかは測定すればわかります。しかし、それがいつ地震というかたちで解放されるのかはなかなかわかりません。1-1章で対象によってスケールを変えてみることが必要だと述べました。プレートの動きは、通常では年間数センチ〜一〇センチといわれています。一〇〇メートル動くのに一〇〇〇年以上かかります。プレートや日本列島にしてみれば、歪みがたまったら一瞬で解放しているのですが、その「一瞬」は人間からしてみたら何十年とか何百年という年月に対応しているため、「天災は忘れた頃にやってくる」になってしまうわけです。

歪みがたまれば、それは、ずれというかたちでいずれ必ず解放されるので、地震はいずれ必ず起こることになります。地震に限らず、火山や台風や異常気象などで人間が被害を受けることを避けるために、お祓いや占いではなく科学的なデータにもとづいて対策を考えようとするのが防災科学です。

地震予知の難しさ

しかし、地震が起こるのはいつなのかという予知は、極めて難しいことになります。これまでの歴史的な記述や過去のデータから経験的に、だいたい一〇〜一〇〇年くらいとか、一〇〇〜一〇〇〇年分くらい歪みがたまったら解放されているようだという推定から、この先三〇年以内くらいの間に歪みが解放されてもおかしくないということくらいしかいえないのです。わかりやすさのために、確率分布関数を仮定して、三〇年以内に起こる確率が八〇%というような表現をすることもありますが、さまざまな仮定の上での数字だということには気をつける必要があります。また、この方法では、一〇〇〇〜一万年くらいの長いスパンで解放される歪み（地震）は記録にほとんど残っていないので、予知はほぼ不可能ということになります。

いつどこでどれくらいの地震が起こるのかを予知するという意味の地震予知が難しいことは、筆者が地球物理学専攻の大学院生だった頃から聞いていました。しかし、地震予知が防災科学になってしまうと、国民の期待は上がります。政府も予算を投入するので、成果が求められます。

一九二三年の関東大震災は人々に強烈な記憶を残しました。一九六四年の東京オリンピック直前の国会地震対策委員会で東大の地震学者の河角廣は「南関東大地震六九年周期説」を発表し、首都圏の地震対策の早期着手を要請しました。この説が正しければ、一九九二年前後に関東大震災が再来することになるので、メディアで大きく取り上げられ、国民の多くはこの説を知ることとなりました。一九七六年には地震学者たちによって、東海地震の切迫性を訴える「東海地震説」が発表されました。それを受けて、大規模地震対策特別措置法（大震法）が一九七八年に成立しました。

「天災は忘れた頃にやってくる」わけで、その警告を喚起したこれらの説の発表の重要性はいうまでもありません。しかし、地震予知が防災という事業になってしまったことで、科学としての地震予知が硬直化し、予算獲得の手段になってしまった面もあるのではないかという批判もありました。現在では、いつどこでどれくらいの地震が起こるのかを予知するのは難しいと認めた上で、その一方で地震はいずれ必ず起きるので、それに対する備えをどうするのかという議論をすべきだという意見が強くなってきているようです。

その後、日本では予想された南関東や東海ではない場所で大地震が次々と起こりました。特に、二〇一一年に起きた東北地方太平洋沖地震はマグニチュード九・〇の超巨大地震で、津波による大きな被害が出て、福島第一原発の事故も引き起こされたので、東日本大震災として人々に大きな記憶として残りました。このような超巨大地震がその地域で起こるのは一〇〇〇年ぶりではないかといわれています。

そんな稀なことが起きたので、この先しばらくは巨大地震が起きないのではないかという考えを持つ人がいるかもしれませんが、それは間違いである可能性が高く、注意が必要です。

この地震によって、太平洋プレートは大きくずれ、日本列島全土で強い歪みがたまっています。四枚のプレートが押し合いへし合いしてきたところで、そのうちの一枚がばたんと倒れたような状況です。残りの三枚のプレートも活断層もバランスを失ってばたばたとずれて、倒れていく状況にあるわけです。それは日本列島にしたら一瞬で起こることですが、人間の時間尺度でいうと何十年以上にもわたって起こることになります。古文書によれば、日本列島では、何百年に一度くらいしか起きないような巨大地震や火山の大噴火が、何十年という比較的短い間に立て続けに起こった活動期が何度もあった記録が残っています。確率的には、巨大地震や大噴火が立て続けに起こるというのは、一見おかしいように見えますが、それらは独立の事象ではなく、関連し、お互いに誘導し合うので、不思議ではないのです。

現在の日本列島は、そのような強い活動期に入ってしまっている可能性があるといっていいでしょう。二〇一八年には、M《マグニチュード》六・一の大阪北部地震やM六・七の北海道胆振東部地震も起きました。この百年ほどの経験をもとにした「常識」や「感覚」はまったくあてにならないのです。特に、阪神淡路大震災が起こる前の二〇世紀後半は日本列島が奇跡的に静穏だったともいえそうなので、その記憶に引っ張られないようにする注意が必要です。一九四三年のM七・二活断層・直下型の鳥取地震、一九四四年のM七・九プレート境界型の昭和東南海地震、一九四六年のM八・〇プレート境界型の昭和南海地震、一九四八年のM七・一活断層・直下型の福井地震の四連続巨大地震ではそれぞれで甚大な被害が出ましたが、戦争・終戦直後の混乱によって埋もれがちになっています。これは、忘れてはならないことでしょう。

こういったこともきちんと踏まえて、原発再稼働などの問題も議論すべきだと思います。こういうことは地震学者たちがかなり努力して発言を続けているのですが、政府や事業者たちにはなかなか伝わっていないようです。

地震波の解析で明らかになった地球の内部構造

地震は私たちに災害をもたらしますが、その一方で、地震の揺れの波動の情報によって、地中奥深く、地球の内部の構造を知ることができます。

岩石は一万年、一〇〇万年といったゆっくりとした変化ではジャムのような粘った流体として動きます。一方で、一秒というような速い動きに対してはゴムのような弾性体として動いて、プレートのずれや断層のずれで生じる岩石の密度の変化やねじれは波動として伝わります。密度の変化の波動はいわゆる縦波とかP波と呼ばれるもので、ねじれの波動は横波またはS波と呼ばれるものです。縦波のほうが波の伝わる速度が大きいので、比較的離れた場所で起きた大きな地震のときには、最初にどんと突き上げるような縦波を感じてから大きく横に振れる横波を感じることになります。その波の伝わり方は、物質の種類や温度・圧力条件によって変わります。このように、ある場所で発生した地震は、地球内部を通って四方八方に伝わります。いろいろなところで発生した大小さまざまな地震波のデータを合わせて解析すると、地球内部の構造がわかります。CTスキャンと同じような原理です。

わかったことは、地球は、中心部には鉄とニッケルの合金を主成分とした金属コアがあって、そのまわりを、岩石成分を主成分としたマントルが取り囲むという、二層構造になっているということです。コアはさらに固体の内核と液体の外核に分かれ、マントルも深いほうから、下部マントル、上部マントル、地殻の層に分かれています。深い場所にいくほど圧力が高くなり、岩石の成分は同じようなものでも、圧力によって鉱物の結晶構造が変わるので、下部マントル、上部マントルに分かれます。地殻は地球の表面部分で、地球内部で岩石が溶けて軽い成分が浮き上がったものによって作られているので、成分がマントルとは少し異なります。プレートは、地殻とマントル最上部を合わせた部分を指し、成分で分けているわけではなく、水平移動する部分を指してそう呼んでいます。

コア、マントル、地殻は組成が異なります。異なる組成の層ができるためには岩石が融解することが必要になります。融けて液体になれば、流動性があるので、密度の高い成分は沈み（地球中心方向に移動する）、密度の低い成分は浮かび上がります。コアとマントルを分けたのは、地球の形成時の天体衝突によるものだと考えられています。地球は岩石成分と金属成分が混ざった多数の小天体が衝突合体して形成されたと考えられているので、固体惑星は、ある程度大きい場合、必ずコアとマントルに分かれるはずです。惑星がある程度大きいと、重力で引き寄せて、衝突してくる天体を加速します。衝突速度が大きくなるので、衝突のエネルギーで惑星のかなりの部分が融けるのです。金属成分は密度が高いので、中心部に沈み込んでコアを作ります。

学部時代に素粒子論的宇宙論という「あの世の科学」に浸かっていた筆者は、大学院では地震災害、

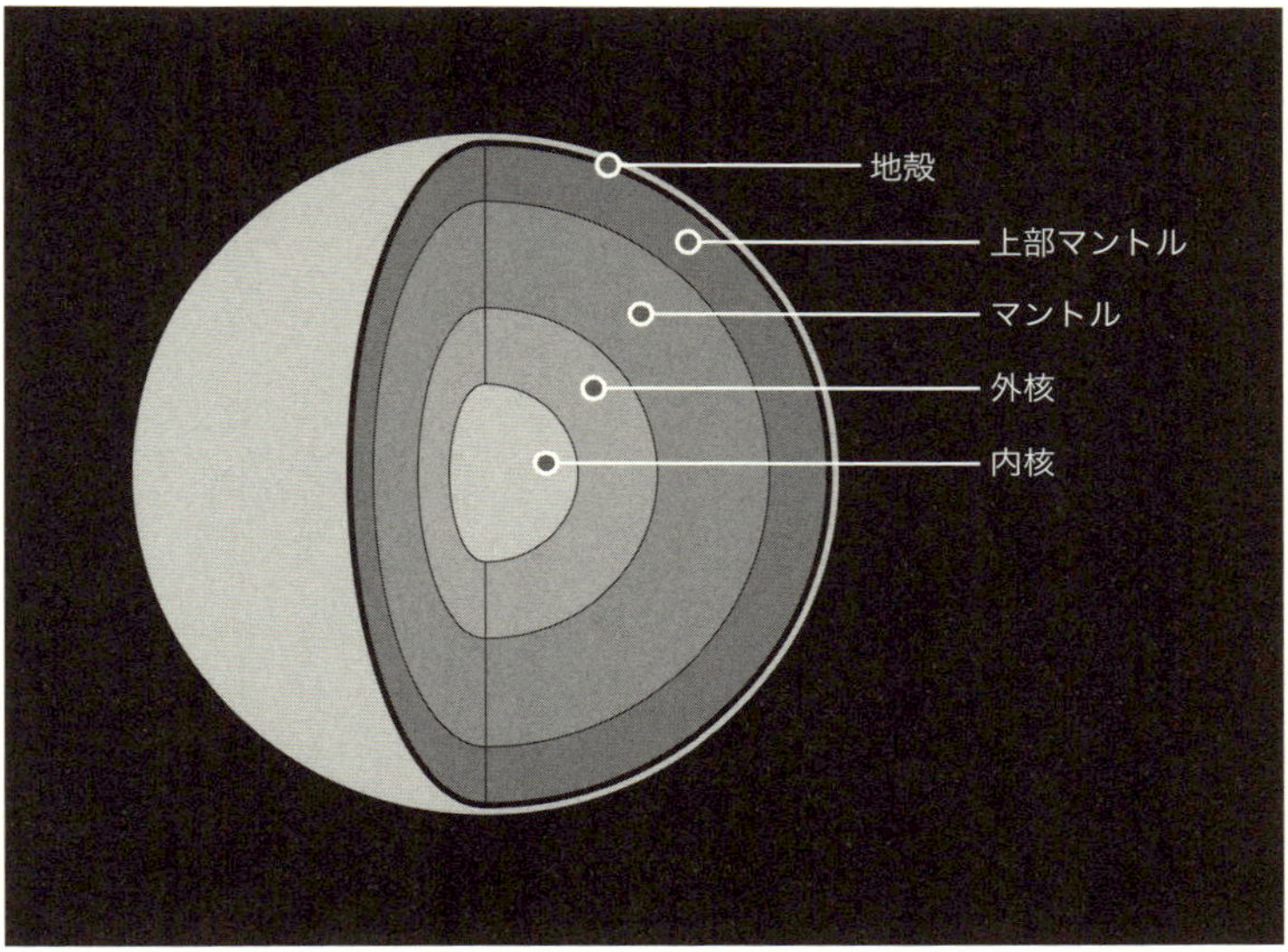

地球の構造

火山の噴火予知、気候変動といった現実に接続する科学を追求している人々が集まる場に移りました。第1章から第2章に入って、話ががらっと変わってしまったと感じると思いますが、それがまさに筆者が体験したことで、科学のアプローチにはこんなにいろいろあるのだと驚きました。筆者は、新しい環境に急には適応できなかったので、今述べた、地球が天体衝突で形成されて、コアとマントルに分かれる過程を大学院での研究テーマに選びました。今現在、目の前にある大量のデータからものを考える地球科学においては、四五億年前の地球形成という研究テーマは異端でした。素粒子論的宇宙論よりは、はるかに私たちに近い研究だったのですが。

　話を戻して、次は火山を考えてみます。マントルと地殻を分けたのは、火山などのマグマ活動です。

火山の噴火

日本列島は四枚のプレートがひしめき合う、地球上でも特異な場所です。世界の火山のうちの一〇%が、この小さい日本列島に集まっているといわれ、日本は火山大国です。

二〇一四年、二〇一八年に立て続けに人的被害を出した御嶽山や草津白根山の噴火は、火山の脅威を私たちに再認識させました。これらの噴火は、規模だけ見ると小さい噴火で、東日本大震災につながる日本列島の活発化とは独立の事象かもしれませんが、予期しないかたちで起きて、備えがなかったので大きな被害が出てしまいました。一方で、火山活動がもたらす温泉の恵みは日本の文化となり、世界にもアピールされ、外国人の温泉ファンもたくさんいます。

火山とは、地球内部の熱によって地下深くで、岩石が融けて形成されたマグマによって起こります。マグマ（溶岩）が地表に噴き出ることもある一方で、地表に向かってマグマが上昇する際に付近の水が水蒸気爆発を起こすタイプのものもあります。御嶽山や草津白根山の噴火はこの水蒸気爆発のタイプだと考えられています。

ではなぜ岩石が融けるのでしょうか。岩石はジャムのような粘った流体としてゆっくりと動くと述べました。そのように岩石は地球の内部で何千キロメートルもの深さを上下流動します。これをマントル対流と呼びます。上昇流はまわりより温度が高く、さらにだんだん圧力が下がっていくので、そのうち融解してマグマを生成します。

物質は、固体、液体、気体という三つの状態を持ちます。それぞれの違いは、物質を作っている分子がどれくらいぎっしりと集まっているかで決まります。分子は温度が上がると、激しく運動するようになるので、ばらばらになって溶融、気化します。反対に、その場の圧力は、ばらけるのを阻止します。温度が高くても圧力が十分に高ければ、物質は固体の状態を保ちます。一方で、圧力が非常に低いと、固体からいきなり気体になります。これを昇華と呼んでいます。ドライアイスは固体の二酸化炭素ですが、常温常圧（一気圧）のもとでは、液体を飛び越えて二酸化炭素ガスに昇華するのです。

上昇流でマグマが生成されている場所が中央海嶺と呼ばれる海底山脈で、マグマが海に噴き出して冷えることで、新しいプレートが作られます。中央海嶺以外でもピンポイント的に上昇流が生じて、冷えて島になることがあります。ハワイの島々はそうやってできていて、上昇流の根本の位置が固定されているのに対してプレートが移動していくことで、列島が作られます。

プレートが沈み込むところでも火山は作られます。水を含んだプレートが沈んで圧力が上がると、水が放出され、水が混ざると岩石は融けやすくなるので、マグマができます。これが、日本列島でプレートの沈み込み帯に沿って火山が並んでいる理由です。

火山噴火は、マグマの上昇をさまざまな方法で継続的に観測することで、地震よりははるかに精度良く予知ができています。ただし、水蒸気爆発の予知は依然として難しいようです。

2-2 プレートテクトニクス——地球科学における革命

プレートテクトニクス理論の成立

地震も火山もプレートの運動が大きな原因になっています。プレートテクトニクスという考え方は、ビッグバン宇宙論と同じような大革新でした。私たちが住んでいる大地が動いているという話で、受け入れられるのに抵抗があったのは当然です。しかし、プレート運動を考えることで、さまざまな観測事実が統一的に説明されることがわかり、だんだんと受け入れられていきました。

ドイツの気象学者アルフレート・ヴェーゲナーは一九一二年に大陸移動説を提唱しました。大西洋両岸の大陸棚の形が、あたかもひとつの大陸が割れてそこが大西洋になったように見えること、アフリカと南アメリカに地質的、古気候的、生物的、古生物的な連続性がみられることなど、それぞれ状況証拠でしたが、非常に綿密なデータにもとづいた理論でした。しかし、彼は地球の海洋底は不動と考えて、その上を大陸が滑っていくと考えたのですが、大陸が滑っていくとする物理的に合理的な理由が見つからず、大陸移動説はだんだんと廃れていきました。

その後、だいぶ経ってから一九五〇年代に海洋底拡大説が登場しました。中央海嶺周辺で数万年ごとの地磁気逆転が、海嶺の左右で対称に記録されていることが観測でわかったのです。マグマが中央海嶺で噴き出すとき、地磁気の方向に磁気を帯びて、その磁気を保持したまま固まります。地磁気は一〇万〜一〇〇万年くらいごとにSとNがひっくり返ることが知られています。つまり、中央海嶺でプレートが作られて、海嶺に垂直に左右に拡がっていったとすると、地磁気逆転の記録が海底プレートに縞模様のように残ることになるのです。年間一〇センチメートル動くとすると、一〇〜一〇〇キロメートルの幅の縞模様ということになります。これが発見されたのでした。つまり、海洋底も動いているのです。このことでヴェーゲナーの大陸移動説が復活しました。大陸は海洋底の上を滑っているのではなく、海洋底と一緒に動いていたのです。プレートは海溝で沈んでいくのですが、大陸はプレートより密度が低いので、地球表面に取り残されます。そうやって大陸は集まって超大陸を作り、やがてマグマの上昇流のパターンが崩れて、超大陸直下に移動してくると、超大陸が割れて分離していきます。大陸は地球形成以来、マグマの噴き出しによって、四五億年かけて少しずつ面積が増えていくのですが、同じ場所で大きくなっていくのではなく、他の大陸と合体したり割れたりの離合集散を繰り返しているのです。

インドは昔、南極大陸に隣接していたのが、移動してユーラシア大陸に衝突して、その力で盛り上がったのがヒマラヤ山脈やチベット高地であるとか、日本列島の形成や、すでに述べたハワイ列島の形成など、さまざまな地質的な現象がプレートテクトニクスで統一的に整合的に説明されるようになりました。一九七〇年代にはプレートテクトニクスは地球科学における革新的な基本原理になったのです。

日本におけるプレートテクトニクス理論の受容の遅れ

ですが、日本で受け入れられたのは、それから一〇年以上も経った一九八〇年代後半のことでした。一九八〇年代後半は、筆者が「あの世の科学」から移って、地球物理学の大学院に所属していた時期と重なります。

なぜ、日本でプレートテクトニクスの受容がそんなに遅れたのかについて、筆者自身は直接経験していないので全容はわかりませんが、まわりの多くの人がそれについて憤っていたのを覚えています。第二次世界大戦後の日本の地質学・古生物学分野におけるカリスマ研究者だった井尻正二と彼に率いられた地学団体研究会の存在がその原因だったようです。井尻正二は、それまで形を見て分類するという作業が中心の古生物学に生化学を持ち込んで古生物学というものを近代化したり、専門家以外の人も巻き込んだ野尻湖発掘調査を指導したりして偉大な業績を上げています。筆者も子供の頃、野尻湖発掘調査の物語（井尻正二『マンモスをたずねて――科学者の夢』筑摩書房 ちくま少年図書館6 歴史の本）を読んで、感銘を受けた記憶があります。地学団体研究会も、戦前からの旧守的な日本の地質学を改革しようとして、当時の若手研究者を中心に設立された学術団体です。なぜ、そういう団体が日本でプレートテクトニクスの受容を妨げたかたちになったのでしょうか。イデオロギー的な問題だったのかもしれませんし、日本人の好む方法論の問題だったのかもしれません。

「私につながる科学」においては、自分が手に取れるデータを精密に記述することが重視されます。最終的には、その蓄積されたデータの解析によって、背後にある大きな原理が追求されることになるはずです。データ記載を基本に据えるのは正しいと思いますが、それが目的化されてしまって、その先にある原理の追求が、先走りであるとか机上の空論であるとして批判されてしまう傾向が、日本の一部の学界に伝統的にあるように思います。たとえば、生物学においては、目の前の生物の解析が重視されるのは当然ですが、少し前までは、その先にある生物の進化を語ることは憚られていました。現在でも生命の起源の研究を正面切って行うことは憚られる空気があります。そういう姿勢は、空論に陥ってしまうリスクを避ける、ひとつの見識だと思いますが、大きな変革に対応が遅れるリスクもあり、バランスのとり方はたいへん難しいものだと思います。

ただし、日本でプレートテクトニクスの受容の遅れは、方法論の問題だけでは片付かないものだったようです。第二次大戦直後の米ソ冷戦下におけるイデオロギー的な原因を指摘する声もあります。当時何があったのかを分析した書籍はすでに出版されていますが[1]、異なった立場から当時の状況を分析した本や資料もあればと思います。すでに半世紀近くも経って、プレートテクトニクスが常識となった今の後付けの視点で見てしまうと、どうしてもバイアスがかかってしまうと思うからです。複眼的に見て、何が起こったのかをなるべく客観的に知ることは、今後の科学の発展において貴重な教訓となると思うのです。

こういう人間的で複雑な話は「天空の科学」の分野ではあまり聞きません。定常宇宙モデルとビッグバン宇宙モデルの論争はありましたが、それはあくまでも対等の立場にたった科学的データや理論という道具を使っての議論で、わかりやすいものでした。しかし、科学は人間の営みでもあるわけで、「私につながる科学」では、その「私」への近さから、科学の人間くさい（人間味のある）側面が強調されるのかもしれません。

天空の視点とプレートテクトニクス理論

プレートテクトニクスが受容されたあとでも、「天空の科学」から移ってきた筆者には、プレートテクトニクスに関しての標準的な説明は、ピンときませんでした。プレートテクトニクスとは、地表で起こるさまざまな地質学的な現象をプレートの運動で説明する包括的な学説ですが、その駆動力となるプレート運動について、当時非常によく聞いたのが、海溝で沈んでいくプレートのひっぱりが原動力であるという説明でした。テーブルにかけたクロスが、テーブルからはみ出た部分が多くなると、するするとテーブルから落ちていくのと同じだという喩えがよく用いられていました。ですが、筆者はその説明にとても違和感を持ったことを覚えています。クロスがテーブルから落ちていくのは結果であって、クロスをテーブルに載せたメカニズムこそが原因のはずだと考えたからです。

「天空の科学」では物理学の一般法則が中心に据えられていました。物理学で考えれば、プレート運動はマントル対流のひとつの側面です。地球は無数の天体が衝突を繰り返して成長しました。その衝突の熱によって、地球が形成されたときは岩石もドロドロに融けていたはずです。融解した地球の内部ではコアとマントルに分かれました。さらにその後もウラン、トリウムやカリウムなどの放射性元素から熱が発生します。これらの熱は地球表面に運ばれ、表面から宇宙空間に放出されていきます。お椀によそわれた味噌汁をよく見ると、火にかけているわけでもないのに、流動しているのがわかると思います。これは、味噌汁が冷めるときに、中の熱を表面に運ぶために流動しているのです。マントルは岩石ですが、何億年もかけてゆっくりと変形をして流動しています。これがマントル対流です。味噌汁を見るとわかるように、上昇する部分と下降する部分に分かれていて、ぐるぐる回っています。

マントル対流の上昇流が表面に出ると冷えて硬いプレートになります。つまり、プレート運動はマントル対流のうちの地球表面に現れた一部を見ているということに他なりません。そういう目で見ると、プレート運動の原因がプレートの自重によるひっぱりだという説明には抵抗を感じてしまいます。ですが、これは地震や火山、造山運動など身のまわりのことから出発して、それを統べるプレート運動を考えるという見方と、まずは天体としての地球を考えて、その熱の放出に伴う対流、その対流の一部としてのプレート運動を捉えるという見方の違いなのだと、今では思います。

一九九〇年代に日本で、プレートテクトニクスにとってかわるべきプルームテクトニクスという考えが提唱されました。[2] これはマントル対流の上昇流、下降流（プルーム）からなる全体の動きを考えて、地球のさまざまな現象を論じるものです。当時、画期的な考えだといわれていたのですが、筆者にはプレート運動はマントル対流のうちの地球表面に現れた一部を見ているのだから、それはあえて述べることではなく、当然のことだと思いました。ですが、これも今にして思えば、身のまわりの地質のデータ解析から始めて、プレートテクトニクスを考え、さらにプルームというところまで論じるということは、「私につながる科学」の立場から「天空の科学」の方向に踏み出そうとするもので、画期的だったのだということがわかります。

物理学の一般法則からの見方で気をつけなければならないことがあります。惑星が形成されるときに熱くなり、その後、惑星は内部を流動させながら冷えていくということは一般的な物理現象です。内部が流動していること、つまりマントル対流が表面に現れたものがプレート運動だと、先ほど述べましたが、実はプレート運動の存在は一般的ではありません。金星も火星も、地球同様に今でも冷えているので、内部にはマントル対流があるはずです。しかし、少なくとも現在、これらの惑星ではプレートテクトニクスがある証拠は観測されていません。火山や大規模に溶岩が流れたあとは残っているのですが、表面がプレートとして運動した確固たる証拠がないのです。火星は小さいのですでに冷えきっているのかもしれないですが、金星は地球とほぼ同じ大きさなので、そういう言い訳はできません。マントル対流はあるはずなのに、火星や金星でプレートテクトニクスが起こっていない理由については、いろいろ議論がありますが、まだ標準モデルは確立されていません。

ところで、地球の中心部は高温なので、そこにあるコア内の鉄も流動しています。鉄は伝導体なので、流動すると磁場が発生します。磁場は方位磁石でしかお世話になっていないと思うかもしれませんが、地球を包み込む磁場は宇宙を高速で飛び交う危険な粒子である宇宙線が地表に侵入するのを防ぐという重要な役割も果たしています。つまり、磁場がないと、陸上の生命は被爆して生きていけないのです。水は宇宙線を通さないので、海の中には生命は住めますが、かつて生命は陸に上がって酸素呼吸を積極的に始めたことで、植物や動物として急速に進化したと考えられているので、磁場がなければ今日までの生物の繁栄はなかったことでしょう。月にも火星にも磁場はないので、人が月や火星で暮らすには宇宙線による被爆をどのようにして防ぐのかということが大きな問題になります。

2-3 気候変動と地球温暖化
――政治との距離感をどうとるか

「異常」気象とは何か

最近はよく「異常気象」という言葉を聞きます。そしてその原因としてメディアで引き合いに出されるのが、「地球温暖化」です。時には「世界的な寒波は地球温暖化が原因か」とニュースキャスターが発言したりすることもあって、いささか安易な紐付けである気もしないではありません。地球温暖化で気温の上下変動が大きくなったり、気候パターンが変わったからということを主張したいのかもしれませんが、いずれにしても、若干短絡である印象を受けます。

気をつけなければいけないのは、「異常気象」というときは、多くの場合、過去一〇〇年間程度の詳細な気象データがある期間との比較でそう表現していることがほとんどだということです。暗黙のうちに一千年前も一万年前も過去一〇〇年と同じ気候だったと仮定しているかのようです。一千年前とか一万年前ではもちろん気象データはないのですが、古文書の記録や地質学データなどであればあります。それらの記録を見ると、一千年前も一万年前も過去一〇〇年と同じ気候だったという仮定は間違いだということがわかります。

一七世紀なかば〜一八世紀初頭にはヨーロッパ、北米大陸で小氷期と呼ばれる寒冷期があったようです。この時期は、マウンダー極小期と呼ばれる、太陽黒点がほとんどなかった時期と一致しています。因果関係はまだ証明されていませんが、そのような太陽の活動度が下がったことが、寒冷化を招いたのではないかといわれていて、二〇一〇年頃から太陽活動度（太陽の表面の磁気的な活動で、黒点やフレアなどの現象に影響する）が全体的に下がってきているので、再び寒冷化に転じる可能性も否定できないという意見もあります。一方で、小氷期の前の一二世紀～一四世紀はかなり温暖だったようで、中世の温暖期と呼ばれています。

現在の地球は北極と南極に氷河があるので、「氷河期」です。その氷河は数万～一〇万年周期で伸長を繰り返していて、氷期・間氷期サイクルと呼ばれています。もちろん、氷期は寒冷な期間です。このサイクルの原因は、地球の軌道や地軸の傾きが数万～一〇万年周期で変動していて、その周期で太陽の光の当たり方が変化するからという説が有力です（ミランコビッチ・サイクルと呼ばれます）。極地方に太陽光が当たりにくくなると、氷河が成長して、氷河は太陽光を反射するので、寒冷化して、氷河がますます広がります。するとさらに寒冷化します。これをアイス・アルベド・フィードバックと呼びます（アルベドとは反射率のことです）。これは軌道や地軸の傾きの変化から予想でき、これからは氷期に向かう傾向があります。人類は束の間の温暖な間氷期に文明を発達させたのかもしれません。温暖になったことで、人類は定住して農耕を始めたのではないかともいわれています。

現在の氷河期は数百万年前に始まったようで、それ以前は極に氷がない高温時代と氷河期が交互にあったようです。

このようにミランコビッチ・サイクルや太陽活動度を考えると、地球は寒冷化していってもよさそうですが、なぜ地球温暖化の問題が叫ばれているのでしょうか。この百年くらいでは、世界の平均気温が揺れ動きながらもだんだん上昇していることはデータから明らかです。この気温上昇の原因ではないかとされているのが、大気中の二酸化炭素の増加であり、その増加は人為的排出によるものではないかという考えが有力です。

科学と政治の介入のせめぎあいの地球温暖化

二酸化炭素は温室効果ガスと呼ばれています。二酸化炭素は、太陽光（可視光）は通しますが、その光を受けて温まった地面が出す赤外線は吸収するので、大気に二酸化炭素が多くあると、熱が逃げにくくなるので、温暖化するのです。その二酸化炭素濃度は一九世紀以来着実に上がってきています。現在は四〇〇ｐｐｍ（〇・〇四％）を超え、数百万年以上前の氷河が消えていた温暖期以来のようです。

一九世紀以来の二酸化炭素濃度の上昇は急激で、それは産業革命の影響だと考えられています。たとえば、石油などの化学燃料を燃やせば、二酸化炭素が排出されるわけです。つまり、人為的二酸化炭素排出が二〇世紀以来の気温上昇の原因だという考えが出てくるのです。一方で、人間活動が影響しなかった時代にも気温の大きな変動があったことはわかっているので、本当に人為的二酸化炭素排出が気温上昇の原因なのか疑う声もあります。

ホッケー・スティック論争というものがありました。アメリカのクリントン政権時に副大統領を務めたアル・ゴアのドキュメンタリー映画『不都合な真実』でセンセーショナルに扱われました。それは次ページ上図のようなグラフで、一一世紀から一九世紀末まで平均気温が漸減していたのが、産業革命以来はね上がって、あたかもホッケーの柄のようになっているというものです。人為的二酸化炭素排出説を決定づけるかのような結果です。しかし、最近一〇〇年くらいのデータは実際の温度のデータを使っていますが、それ以前のものは、木の年輪や氷床コア、サンゴなどの堆積物などから間接的に推定したもので、温度の誤差（グレーの部分）も大きく、年代の誤差もあります。まったく質が異なるデータを継ぎ足していて、さらに一〇〇年以上昔の大きな誤差をもつデータは単純に平均しています。また、誤差の部分が省略されて、平均値の線だけが示されることもありました。実際はグレーの範囲で気温は大きく上下していたかもしれず、そうだとすると、二〇世紀の気温上昇は多少目立ちにくくなります。また、この図では古文書などに残っている小氷期や中世温暖期がなかったことになっており、このホッケー・スティックには多くの批判が出ました。さらに、このグラフを作る中でデータ改ざんをしたのではないかとの疑いが「クライメートゲート事件」とよばれるメール流失事件で指摘されました。

のちに発表された詳細なグラフが次ページ下図で、小氷期や中世温暖期も示されています。依然として二〇世紀以降の気温急上昇は示されていますが、ホッケー・スティックよりは目立たなくなっています。この一件では、二〇世紀以降の気温急上昇に対する警鐘を与えようとして、手を加えたかのようなデータの見せ方をしてしまったことで、逆に二〇世紀以降の気温急上昇の問題の重要性が見えにくくなってしまったかもしれません。

なぜ、この件がこれほどの大きな騒動になるのかというと、この話は産業に直結し、本来科学的な

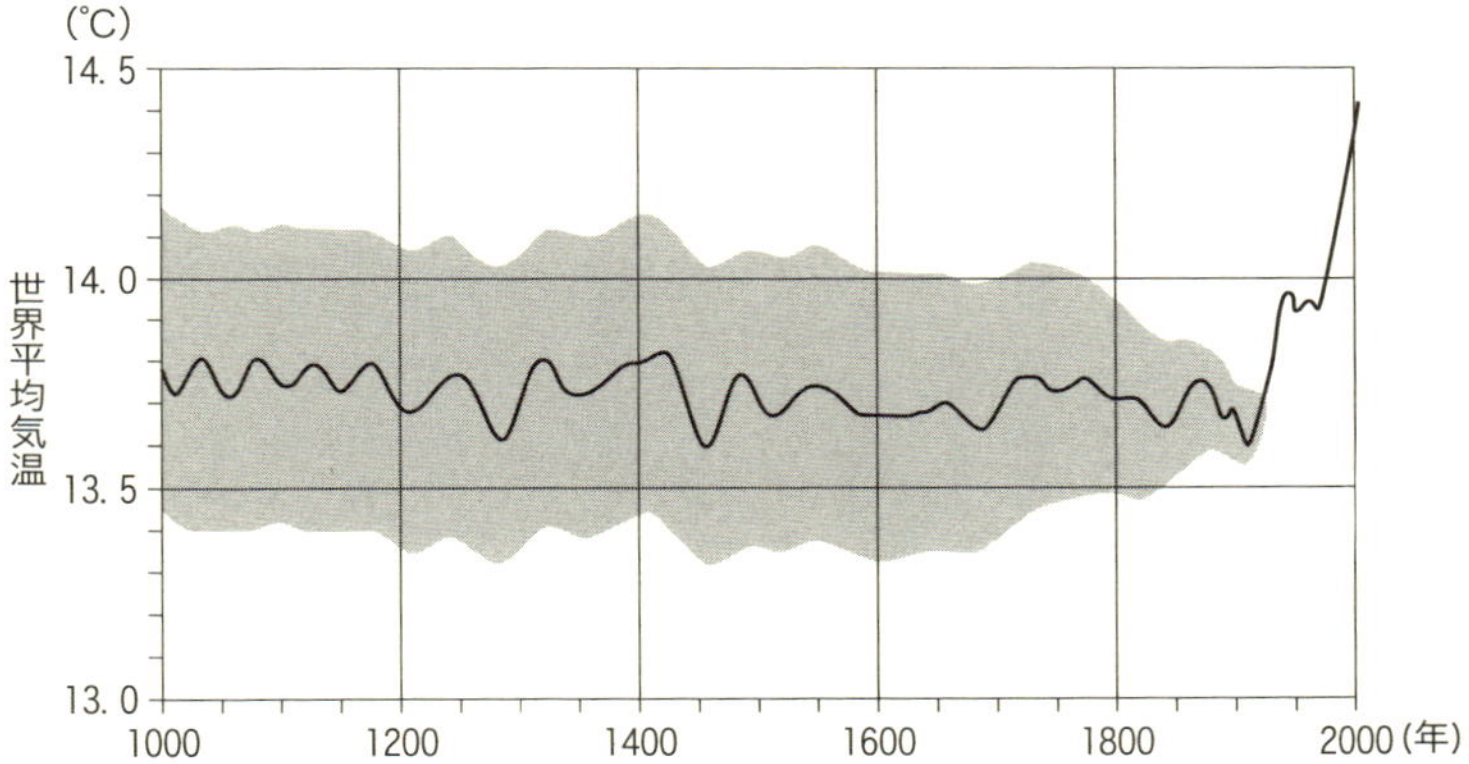

誤解を与えやすかったホッケースティック状のグラフ（Michael E. Mann, et al.（1999）*Geophysical Research Letters*, 26, 759-762の Figure 3a を参考）

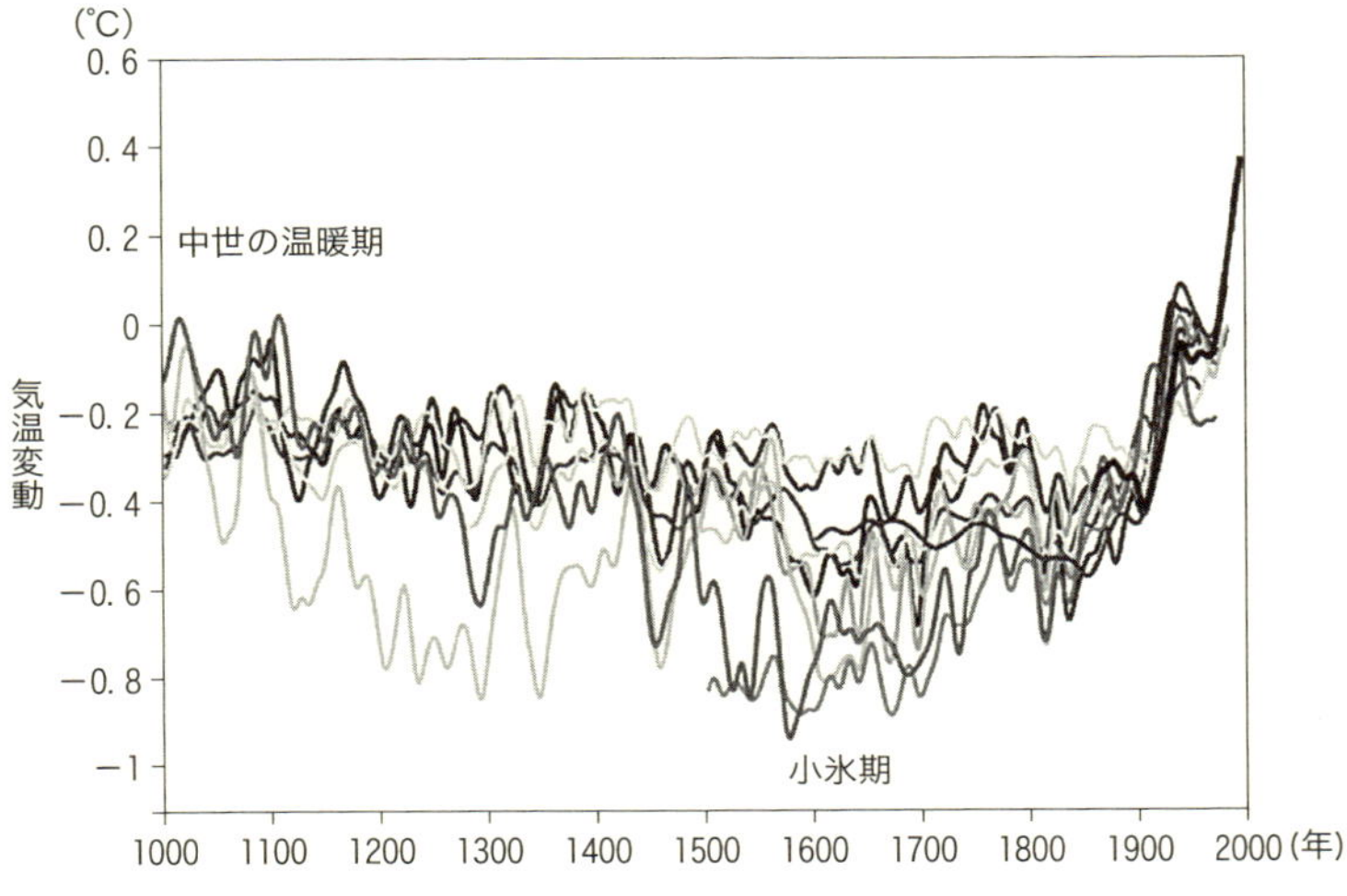

さまざまな推定方法による温度変化を重ねたグラフ（Anders Moberg, et al.（2005）*Nature*, 433, 613-617の Figure 2を参考）

議論であったはずのものが、そこに政治や外交が絡むようになるからです。科学者側は政治にアピールし、一九九七年の京都議定書の採択に尽力してきましたが、石油産業や自動車産業が強いアメリカ、特に共和党は、政治的理由で人為的二酸化炭素排出を否定し、地球温暖化に関する研究に介入してきました。日本では、逆に、火力発電は地球温暖化につながるので、原子力発電を推進しようというキャッチフレーズが使われてきました。また、国際的に二酸化炭素排出権は外交カードになってしまっています。

まさに「私につながる科学」なのですが、ここまで政治が絡むと、科学者たちが自由な議論をしにくくなる雰囲気になります。また、地球が経験してきた表面温度の変動に比べたら、はるかに小さな変動を問題にしているので、科学的には精度の問題ではっきりした結論を出すのが難しい面もあり、単純にこの一〇〇年のトレンドだけを見るのではなく、時間スケールをいろいろと変えて考え、異なる角度で見たり、多様な要因も考慮に入れたりして、議論をしていくことが重要だろうと思います。たとえば、古気候学、地質学はもちろんのこと、地球の軌道や地軸や太陽活動といった天文学の視点ももっと積極的に入れた上で考える必要があるでしょう。

似た構造を持つ話では、オゾンホールの話がありました。これは冷蔵庫、エアコンの触媒やスプレーなどに含まれていたフロンガスが、大気中のオゾン層を破壊し、極地方のオゾン層に穴ができてしまうというものです。オゾンは陸上生物に有害な紫外線を吸収する働きがあり、オゾンホールが発達すると困ったことになるので、一九八七年にモントリオール議定書が採択され、世界中でフロンガスの削減に努めるようになりました。その甲斐があったのか、一九九〇年代以降、地球のオゾン量の減少やオゾンホールの面積の拡大はストップしているようです。地球温暖化の話はオゾンホールに比べたら因果関係も難しく、フロンガスも産業には関わるものの、地球温暖化問題が抱えるエネルギー政策という政治的意味合いは大きく、地球温暖化問題ははるかに複雑なものになっています。

二酸化炭素濃度と変動の時間スケール

大気中の二酸化炭素濃度の変動の問題は、地球四五億年の歴史においても重要な役割を果たし、系外惑星の生命居住可能性の議論においても重要です。長い時間スケールでは、大気中の二酸化炭素濃度の変動は表面温度を一定に保つ役割（ウォーカー・サイクル）を持っていることが知られていますし、中心星からどのくらい離れた軌道まで海を持つ惑星が存在できるのかという問題には、二酸化炭素がどれくらい大気に存在しているのかという点が重要になります。

ウォーカー・サイクルは、地球における炭素循環と結びついています。大気中の二酸化炭素は大陸の岩石と反応して岩石の風化を引き起こし、風化した岩石のかけらに二酸化炭素は取り込まれたまま、一緒に河川に流れ込み、海に沈みます。海底に沈んだ炭素（有機物）はプレートと共にマントルに沈み込みますが、火山ガスとして大気に戻ります。地球表面の温度が下がると、風化率は下がりますが、火山ガス噴出率は変わらず、大気中の二酸化炭素が増えることによる温室効果によって温度が上がります。逆に温度が上がると、風化率は上がり、大気中の二酸化炭素率が下がって、温室効果が弱まって温度が下がります。このような炭素の循環サイクルの中のサーモスタットのような効果によって、地球の気温は一定の範囲に保たれてきたのです。

ただし、例外はあって、二十数億年前のヒューロニアン氷河時代最終期と、七億〜六億年前のスターチアン氷河時代およびマリノアン氷河時代に、赤道地域も含めて、地球表面全体が凍結する全球凍結時代（スノーボールアース）があったことを示す地質証拠が見つかっています。このときはウォーカー・サイクルがうまく働かなかったようです。原因はよくわかっていません。

現在、問題になっている、人為的二酸化炭素排出による地球温暖化の可能性の問題は、温度変化の大きさとしてはこれまでに地球が経験した気温変化に比べたら些細なものですが、一〇〇年という、地球からすれば一瞬ともいえる短時間で変化が起きているために、ウォーカー・サイクルのサーモスタット効果が働かず、温暖化が急速に進むのではないかと危惧されているわけです。2-8章の最後のほうでも述べますが、二〇世紀に入って、人類によって急激に地球表層環境が改変されていることを受けて、新しい地質年代「人新世」が始まったという提案も出ています。

地球では四五億年の間、大きな環境変動を繰り返してきたし、生物は地球環境に影響を与え続けてきました。光合成生物の廃棄物の酸素による汚染は、大気中の二〇%、つまり、二〇万ｐｐｍというすさまじいものです。しかし、それはゆっくり起こったので、生命は遺伝子の変化によって、その環境変化に適応してきました。一方で、隕石衝突や大規模火山活動は、突然の大きな環境変化を与えるので、生命は適応する時間がなく、絶滅につながるなど、大きな影響を受けました。昨今の地球温暖化問題は、人類自らが原因になった環境変化が人類の暮らしに影響を与えるリスクがあり、その原因は自らの方策で除去できるかもしれないということなのですが、原因の同定、リスク評価、原因除去の部分に科学的議論以外の政治問題などが絡んで複雑になってしまっているのです。

2-4　最先端医学

医学は、自身の健康や寿命に関わることなので、人々の関心が極めて高く、昨今のテレビやネットの科学ニュースや科学番組の大半は医学関係だと思えるほどです。

一方で、医学は急速に変貌している分野でもあります。バイオテクノロジーの最先端技術によって、生物タンパク質を応用して作られた生物学的製剤はリウマチなどの免疫系の病気の治療を劇的に変えました。患者個人の遺伝子解析に基づくオーダーメイド治療や分子標的薬はガン治療のかたちを変えようとしています。最先端医療におけるロボットによる手術が普及し、さらには遠隔地からインターネットを使っての診察や手術ロボットによる治療などは、今後、僻地医療の問題を解決していくかもしれません。

驚異的なゲノム編集技術

ゲノム（遺伝子）編集技術は、農作物の改変だけではなく、人間の病気の治療にも使われ、そして生まれてくる子供の遺伝子さえ好きなように編集できる可能性（デザイナーベイビー）も論じられるようになってきました。実際、二〇一八年には中国でエイズに対する耐性をつけるという名目で、ゲノム編集が行われた双子が誕生したという報告がありました。

ちなみに、遺伝子の改変については古来から行われており、「品種改良」と呼ばれてきました。人為的な選択や交雑をして突然変異体を増殖させて、ヒトに都合がいいように遺伝子改変をしてきたわけです。食物の場合は、収穫量のアップや耐病性の向上、味をよくするなどといった改変を加えてきました。おなじみのバナナ、スイカ、ニンジン、ナス、トウモロコシなどは、もとの野生の姿かたちからまったく変わってしまっています。食べ物以外でも、日本の春を彩るソメイヨシノや、動物でもサラブレッド、金魚、ブルドッグなどが品種改良の産物です。品種改良したものはその遺伝子の特異性から寿命の短さや環境適応能力の弱さが問題になることがしばしばあります。二〇世紀なかば頃からは、放射線を照射して遺伝子変異を促進させる方法も使われています。

これらの品種改良はランダムに起きた遺伝子変異を取捨選択するというものですが、一時期問題になった「遺伝子組み換え」は類縁関係にないようなものも含めて特定の遺伝子を埋め込んでしまうものです。品種改良はあくまでも自然に起きた変異ですが、遺伝子組み換えは自然界では起きないような変異も起こすわけです。ただし、精度が低く、コストと期間がかかっていました。

ゲノム編集は、こういった旧来の方法に比べて、別次元ともいえるほど、効率がよい方法です。いろいろな働きをする遺伝子が特定され、その情報を使って、狙った遺伝子を切り貼りして改変してしまうのです。二〇一二年に登場したクリスパーキャス9というゲノム編集技術は低コストで正確に遺伝子を改変でき、高校生でも使える技術だともいわれています。病気の予防という目的で、すでに人間にも使われるようになってしまいました。

ヒトのゲノムを解読するプロジェクトは、一九九〇年代に始まったときは国際協力が必要で、数千億円ともいわれる莫大な予算と時間がかかる国家プロジェクトでした。それが今では、個人レベルの遺伝子を一日という短時間かつ一〇万円という低コストで気軽に解析できるようになりました。最先端外科医療では手術ロボットの役割が大きくなっていますし、診断面では人工知能（AI）による診断は今後ますます重要になっていくでしょう。医学では「エビデンス」が重視されます。エビデンスとは臨床などの統計データです。理屈云々より、実際の治療効果の統計データを重視するということは、人間の命や健康に関わることなので当然のことでしょう。そういうエビデンスをデータベースから探し出してくることはAIが得意とすることなので、AIの活躍が期待されるわけです。

このように医学は、最先端テクノロジー分野へと変貌しつつあります。今後、医療の現場ではバイオテクノロジー、バイオエンジニアリング、データサイエンスの重要性が増していくはずで、自ずと医師に求められる役割はこれまでとは大きく変わってくるでしょう。

不死の社会が成立したらどうなるのか

一方で、このような最先端テクノロジーの急激な発達に支えられて医学が発達していくと、ヒトは病気や老衰では死なないという時代がすぐにでも来てしまうかもしれません。もちろん、自分の死は怖いし、家族や友人などには少しでも長く生きてもらいたいと思うものですが、ヒトが病気や老衰では死なない社会になってしまったら、一体どうなってしまうのでしょうか。子供はそれでも生まれるのでしょうか。『ＲＯＭＡ／ローマ』『ゼロ・グラビティ』で続けてアカデミー監督賞を受賞したメキシコの映画監督アルフォンソ・キュアロンが、それらの映画の前に撮った『トゥモロー・ワールド』では、子供が生まれなくなり、未来への希望を失って絶望に覆われた近未来が描かれました。

不死は社会的な問題だけではなく、生物学的にも大問題になるかもしれません。個体（体細胞）が死んで、遺伝情報（生殖細胞）を子孫に受け継ぐという、人類も含む現在の多くの生物が採用する仕組みは、その生物が進化の過程で手に入れたものです。原始的な原核生物は物理的に破壊されない限り生き続けます。明確な寿命というものはなく、原核生物が進化して真核生物になったときに、寿命＝死というシステムを獲得したようです。同時に雌雄という性のシステムも獲得し、生殖という遺伝子交換をして子孫を作り、自らのボディ（身体）は捨てて、子孫に託すことで、適応性が高いシステムを作ったと考えられています。医学の進歩はすばらしいことですが、何十億年もかけて生物が獲得した高度なシステムを人類が自ら捨てたときに、生物学的に何が起きるのか大きな不安もあります。

医学は病気の患者を救いたいという目の前にある目標に向かって進んできたのですが、生と死という、倫理的、社会的、そして生物学的に大きく深い問題に向き合わざるを得ない状況に直面してきているように思います。

2-5 遺伝と生命の進化

医学はエビデンスを積み上げていくわけですが、生物学も目の前にある対象の記載、解析をとても重視します。先にも述べたように、筆者の学生時代には、生物学においては、生物の進化は研究対象分野として選ぶべきではないという雰囲気があったようでした。過去に存在していた生物は手にとって記載、解析できないからです。もちろん、生命の起源も地球外生命と並んで、検証できない議論であって、〝まともな〟生物学者がすることではないと考えられていました。実は今でもそういう雰囲気があります。

生物の仕組みは非常に複雑で、精巧にできているように見えます。生物学者の本分は目の前にある生物の記載、解析であり、そこに至る進化や起源などは考えないとするのは、たしかにひとつの見識かもしれません。筆者は、生物学者と話をする機会も多いですが、はじめの頃は、そういう生物学の方法論をなかなか理解できず、話を聞いても、詳細な記載、複雑な専門用語、ある種の作法に基づいた経験的な解析といったものにまったくついていけず、何の話をされているのかまったく理解できないことも多々ありました。

有名なチャールズ・ダーウィンの進化論はすでに一九世紀後半に発表されています。生命の起源に関しても、単純な水や有機物、水素からアミノ酸を生成してみせた、ミラー－ユーリーの実験が一九五〇年代に行われ、衝撃を与えました。なのに、なぜこれらの研究分野に手を出すべきではないという雰囲気になっていた（なっている）のでしょうか？　それは以下に説明するように、直接的な実証が簡単ではなく、間接的な証拠を丹念に積み上げていくしかないからです。進化に関してはゲノム解析という強力なツールができたので、現在では進化生物学は生物学の本流の中に入っています。ですが、生命の起源の研究は未だに生物学本流の研究者からは懐疑的に見られていることが多いと思います。

直接的な実証が簡単でないということは、後述するように、特に欧米において、未だに進化論否定論者が、一般の人々のみならず、宗教家や政治家の間にもたくさん存在することと関係していると思います。

遺伝の仕組み

ダーウィンの進化論の話の前に、まずは遺伝の仕組みについて整理しておきましょう。遺伝とは、「生殖によって親から子へ形質が伝わる現象」で、生物の基本的な性質の一つです。これは動植物を想定した説明ですが、より一般的に、生命の定義のひとつとして、「自らを複製すること」ともいえます。戦後日本の生化学を牽引した一人の江上不二夫による、生命の他の基本的性質は「（細胞壁によって）外界と区別されていること」、「外界とのエネルギーのやりとり（代謝）があること」で、この三つを生命の定義と考える場合もあります。

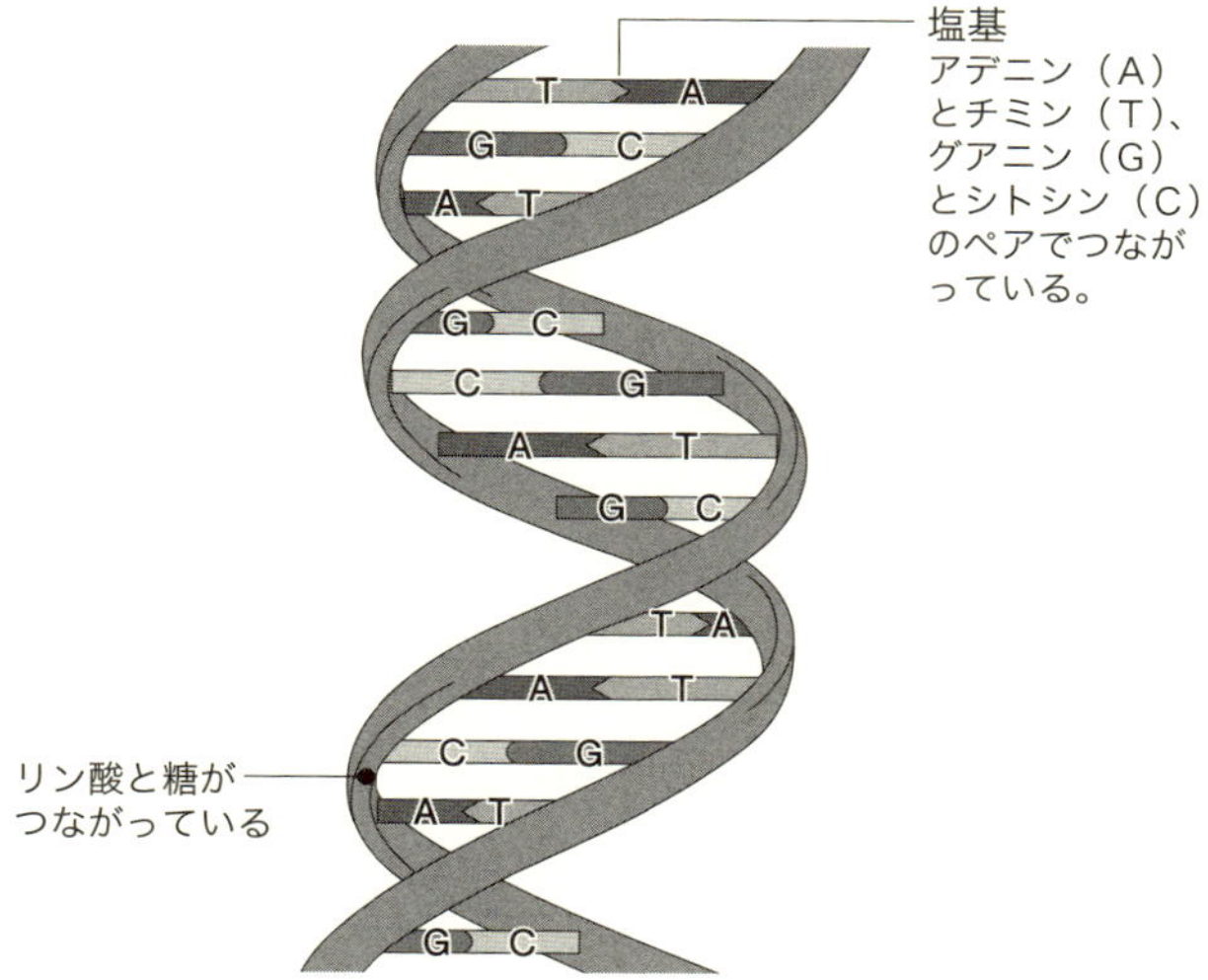

DNAの二重螺旋構造

生物学は記載を基本にすると書きましたが、そのことで観察にもとづいたたくさんの用語が出てきて、筆者もよく混乱します。リボソームとリポソームは別のものを指すのですが（前者は細胞内のタンパク質合成場所で、後者は人工細胞膜を表します）、未だによく覚えられません。英語ではRibosome, LiposomeでRとLの違いが決定的なのですが、日本語ではわかりにくいですね。

遺伝子関係では似たような概念のものが異なるいくつもの言葉で表されます。DNAはデオキシリボ核酸という高分子（たくさんの分子がつながったもの）で、アデニン（A）、グアニン（G）、シトシン（C）、チミン（T）の四種類の構造があって、それが二重螺旋状に長く（ヒトでは数十億個も）つながっています。DNA上には、三つ一組みであるタンパク質を作る暗号を使った遺伝情報（遺伝子）を持つ部分があります。ＤＮＡの中で、遺伝情報を持つ部分の割合は進化した生物ほど少ない傾向がありますが、遺伝情報を持っていない部分（イントロン）の役割はまだよくわかっていないようです。生物が持っている遺伝情報全体をゲノムと呼びます。ＤＮＡは、単細胞生物（原核生物）を除いて、細胞の核の中に格納されています。その際、ＤＮＡはヒストンと呼ばれる分子に巻き付いた形になっていて、そのヒストンに巻き付いたＤＮＡを合わせて染色体と呼びます。生物学ではこれらのややこしい言葉をちゃんと区別しなければいけないのですが、本書では区別がついていなくても、あまり支障はないので、ご安心ください。

情報が格納されている遺伝子だけ存在していても、遺伝は起こりません。その情報を設計図にしてタンパク質を合成する仕組みが必要です。ＤＮＡの遺伝情報はＲＮＡ（リボ核酸）という別の高分子に転写されて、ＲＮＡによってタンパク質が合成されます。このような流れは、「セントラルドグマ」と呼ばれます。これは、ＤＮＡの二重螺旋構造を発見してノーベル賞をとったワトソン、クリックのうちのフランシス・クリックが一九五八年に提唱したもので、地球生命全体に共通する遺伝の基本だと現在では考えられています。

パンスペルミア仮説

ところで、このクリックは一九八一年に「意図的パンスペルミア」説も提唱しました。パンスペルミア説とは、地球の生命は、地球外で作られた微生物などの生命の種子をもとにして誕生したとする説です。広義には宇宙で作られた有機物が地球に到達して、それを材料にして地球上で生命が組み上がったという説も含まれますが、「意図的」パンスペルミア説とは地球外の高度に進化した知的生命体が生命の種子を地球に意図的に送り込んだとする、かなり狭義のものです。

広義のものは、銀河系に浮かぶガス雲の観測で、アミノ酸にも匹敵する複雑な有機物が実際に検出されており、隕石の内部に水（正確には水を含んだ鉱物）やアミノ酸を含んでいるものが発見されていることから、特に、天文学者や惑星科学者が注目しています。初期の地球環境のもとでもアミノ酸は作られたのかもしれないけれど、宇宙空間で複雑な有機物が作られているのが確認されているので、まずはその可能性を考えてみようというものです。

一方で、意図的パンスペルミア説は、結局、生命の起源の謎を他の知的生命に押し付けているだけですし、地球外知的生命の存在はまだわかっていないので、現代の科学者の間でこの説が議論されることはありません。クリックがこのような説を提唱するに至った理由は、ＤＮＡの二重螺旋構造やセントラルドグマの精巧さに圧倒されて、それらが地球で自然に成立したとは考えづらいと思ってしまったのかもしれません。生物学者の中には、生命の精巧さを知ったことで逆に、意図的パンスペルミア説や、インテリジェント・デザイン説などの「偉大な知性＝神」による創造という説に向かってしまう人が、もちろんごく少数ですが、現代でもいるようです。

生命の複雑さは精巧さとは限らない

気をつけなければいけないのは、「複雑＝精巧」とは限らないということだと思います。必要に応じて増改築を繰り返して継ぎ足していった古い建物は複雑になっていて、それでも必要な目的を果たすようになっています。そういう建物は最初から綿密な設計図を作って精巧に作られたのではないわけです。先ほど、進化した生物ほどイントロン（ＤＮＡの中の遺伝情報を持っていない部分）が多いようだと述べましたが、ひょっとしたら、それは継ぎ足し継ぎ足しの名残で、進化した生物ほど、もはや不要になって使っていない部分が多いということかもしれません。

地球生命はみなほとんど同じ仕組みの遺伝コードを持ち、同じ二〇種類のアミノ酸を使って細胞を作っていますが、それは練りに練ったシステムというわけではないように見えます。同じ仕組みなのは、現在存在する多様な地球生命はすべて共通祖先ＬＵＣＡ《ルカ》から分かれて進化したからです。しかし、その遺伝の仕組みや二〇種類のアミノ酸には、これまでのところ必然性が見つけられず、生命誕生の場で入手しやすかった分子を利用して、とりあえず組み立てていった仕組みにすぎないという見方もあります。その後の進化も、必要に応じて増改築を繰り返し、時には使わなくなった部分は捨てるというような進化をしただけだという考えが正しければ、生命とは精巧なわけではなく、単に進化の過程で複雑になってしまっているだけという話になります。

ヒトのような進化した生物では、ＤＮＡには無駄と思われるイントロンの部分が多いので、それをゲノム編集技術で取り去ってしまえば人類はもっと発展できるのではないかというアイデアもあるようです。ただし、そううまくいくのかはまだわからないと思います。筆者はコンピュータ・シミュレーションのプログラムを自分で書くことが多いのですが、その場合、まずはシンプルなプログラムを書いて、動くことを確認してから、一歩ずつ複雑化していきます。複雑化していくと、特定の状況でうまくいかなくなることがしばしばあり、その場合は現場主義で応急処置（パッチをあてる）をします。

そうした作業が積み重なっていくと、やがて複雑怪奇なプログラムになっていきます。しかし、ちゃんと動きます。ときとして、そういうプログラムを整理して美しい構造に改造しようと試みるのですが、往々にして、動かなくなってしまいます。調べていくと、一見無駄に見える部分も、それがあることでうまく動く仕組みになっていて、自分でもびっくりすることがあります。こうなるのは、筆者が下手なプログラマーだからですが、生命も同様かもしれません。使ってないように見えるイントロンを除去するとか、まわりくどいように見えるゲノム情報を整理してしまうと、生命がちゃんと動かなくなってしまうのではないかと心配です（これは、ゲノム編集技術で今後生まれるかもしれない「新人類」に対して、「旧人類」の筆者の悪あがきの批判かもしれないですが）。

遺伝子の変異と進化

進化の話に戻ります。遺伝子の働きやセントラルドグマの仕組みに関しては現在の生物の解析でわかったことです。この部分は実証されているわけです。必ずしもよくわかっていないのが、遺伝の過程で起きる進化の部分です。

遺伝子が完璧に複製されてしまうと、同じものができるだけなので、生命の進化はありません。しかし、化石の情報やゲノム解析の結果を見る限り、地球では、生命は単純なものから進化して複雑化、多様化してきたと考えざるを得ません。

進化を起こすためには、複製にエラーが発生する必要があります。そもそものＤＮＡの遺伝情報がずれてしまったり、ＲＮＡでの転写がうまくいかなかったりする可能性が考えられます。よく使われる言葉で表すと、「突然変異」です。

ダーウィンは、突然変異は少しずつ起こり、環境に適合した変異が選択的に増殖していくという、自然淘汰（自然選択）説を考えました。保護色を持つ昆虫の存在はその説を支持しているように思えます。しかし、それだけでは生命の進化は説明できないのではないかと考え、遺伝学者の木村資生は一九六〇〜七〇年代に中立説を提案しました。環境適合に有利でも不利でもない中立的な変異が確率的にたまたま選ばれて進化していくというモデルで、現在では自然淘汰もあるかもしれませんが、中立的な進化もあると考えられています。突然変異も少しずつ起こるのだけれど、たとえば大規模な環境変動があった時代に速いペースで変異が進行したという「断続平衡説」も、地質学者や古生物学者の間では、かなり受け入れられています。

この進化論の問題は、化石の情報やゲノム解析などの間接的証拠しかなく、直接的な実証が簡単ではないということです。目の前で実験すれば進化の様子が簡単にわかるというわけではないのです。遺伝サイクルが短い生物に対して、簡単な形質の変化ならば実験できますが、たとえば、海の中の光合成生物が陸上植物に進化するというような大きな変化は実験できないのです。

大きな変化については、さまざまな年代を持つ地層から発見された化石を順番に並べてみて進化を推定する古生物学における古典的な方法があります。ゲノムは少しずつ変わると仮定して、ゲノムがどれくらい似ているかということと姿かたちや機能の違いの関係から進化を推定する解析が、最近ではよく行われています。

いろいろな生物が共通して持つ塩基（たとえば、16SリボソームRNAなど）の遺伝子を詳しく調べると、生物ごとに遺伝コードが異なります。だいたいどれくらいの時間が経てば、突然変異によってコードが置き換わってしまうか推定できるので、たとえば二つの生物のコードのずれから、その二種の生物がいつ進化的に分かれたのかが推定できるわけです。これを「分子時計」と呼びます。たとえば、ヒトとサルはある塩基では九八〜九九％くらいは一致しているので、分かれたのは六〇〇万〜七〇〇万年前と考えられています。ヒトとバナナは六〇％くらい一致しているので、動物と植物が分かれたのは何億年も前と推定できます。こういう作業をさまざまな生物間で行えば、生命が誕生してから、どのように生命が進化して分岐してきたかがわかるという理屈です。このようなものを「分子系統樹」と呼びます。

ただし、調べる共通塩基の種類が異なると系統樹が変わってしまうことがあり、その原因は、寄生（細胞内共生）が起きたり、ウイルスによって遺伝子が異なる生物間で交換されたり（水平伝播）といった、複雑なことが起きたのだと考えられています。アメリカの生物学者リン・マーギュリスが一九六〇年代に提案した、古細菌に近い単細胞生物に真正細菌であったミトコンドリアや葉緑体が寄生したことで真核生物が誕生した、という細胞内共生説は有名です。水平伝播については、ヒトのゲノムの一〇％くらいはウイルスが運んできたもので、哺乳類の胎盤は、ウイルス起源だという話がよく知られています。

こういう解析や先に述べた進化を駆動するメカニズムの解析などが現代の進化生物学です。進化を駆動するメカニズムについては、ゲーム理論やコンピュータ内で生命のようなシステムを作る「人工生命（Ａ－Ｌｉｆｅ）」といった研究分野も関わっています。筆者が学生の頃は、分子系統樹の研究は始まったばかりで、その統計学を基礎とした手法は生物学の本流とは異なることもあり、生物進化の研究に対しては、（特に実績を挙げなければならない）若手研究者は手を出すべきではないという雰囲気がありました。

生命の起源については、すぐあとでも述べるように、実証はさらに難しくなります。したがって、生命の起源研究は依然として生物学の研究者は手を出すべきではないという雰囲気があります。

現在では、生命の起源研究に積極的なのは、生物学者ではなく、むしろ天文学者や惑星科学者です。それは、ハビタブル・ゾーンの系外惑星や土星の衛星エンケラドスなど生命の存在可能性がある天体が実際に発見されており、そのような場に存在しているかもしれない生命を議論するためには、地球における生命の起源研究の知識が必要となるからです。

2-6 進化論・地動説と宗教

遺伝や生物進化という問題は人々にとって、自分に接続する密接な問題です。密接であるだけに、人間は神が作ったとするキリスト教の教えと矛盾する進化論は、特に欧米において、激しい反発を受けることになります。

キリスト教と地動説との対立

キリスト教と天文学との対立も、ガリレオ・ガリレイの宗教裁判で知られているように、激しいものでした。キリスト教の教えは、天が地球を中心に回っているとする天動説（地球中心主義）だったので、地球のほうが回っているのだとした地動説は、聖書の教えと真っ向から矛盾しました。

日常感覚にもとづけば、聖書の教えのほうが正しく思えるはずです。大地が時速一〇〇〇キロメートルという旅客機並みの速度で自転し、地球本体はなんと秒速三〇キロメートルというロケットの打ち上げ速度の数倍の速さで太陽のまわりを回り続けているといわれたら、そんな馬鹿なことがあるかと思うほうが自然でしょう。現在の知識を持ち出せば、1-2章で述べたように、太陽を周回する際に発生する遠心力は太陽からの重力と釣り合っていて感じることができないことがわかります。自転による遠心力は赤道でも地球重力の〇・五％程度なので、体感するのは難しく、大気も基本的に地球の自転と一緒に回っているので、ある限界以上の風も生じません。ですが、そのような後付けの知識がなければ、地球が回っていることは感覚としてはなかなかわからないはずです。

ではなぜ、そんな非常識とも思える地動説が提案されたのでしょうか。それは、星座の中での惑星の見かけの動きの精密な観測データと論理の積み上げでした。

当時の人々にとって、惑星の動きは大きな謎でした。夜空でひときわ明るく輝く惑星は、星座の中を行ったりきたりして不思議な動きをします（惑う星だから惑星と呼ばれるわけです）。天動説のもとで、その動きを説明するために、惑星は小さな円（周転円）を回りながら地球のまわりを大きく回るのだという説明がされていました。

ポーランドのニコラウス・コペルニクスはカトリック司祭で、宗教的意味もあって太陽中心のシステムを考えました。一六世紀の前半のことです。惑星の見かけの動きの観測データが詳しくなってくると、それを天動説で説明するためには周転円をたくさん組み合わせなければならなくなり、それは神が作ったものとしては複雑すぎて美しくない、太陽中心にしたほうが、周転円が少なくなり、美しいと考えたようです。しかし、たとえ神的な美の追求が動機であっても、それまでの天動説を捨てて地動説に転回するというのは大変なことで、偉業と目される所以です。

ただし、コペルニクスは惑星の軌道は真円だと仮定したので、惑星の動きの説明は完璧にはできず、やはり周転円を導入する必要があって、天動説とあまり大きな差は見出せませんでした。そのため、地動説が優勢になったわけではありませんでした。たとえば教会や神殿のデザインや曼荼羅模様もわかりやすい例ですが、神の象徴としてシンプルな対称性を仮定するということは、多くの宗教において基本的な要素のようです。したがって、天動説でもコペルニクスの地動説でも、惑星の軌道は真円、もしくは真円の組み合わせでなければならなかったのです。

ところが、現実の太陽系の惑星の軌道は真円からは少しずれて偏心しています。系外惑星の場合は大きく偏心して強い楕円になっている軌道を持つものも多数あります。

地動説が決定的になったのは、一七世紀初頭のドイツのヨハネス・ケプラーの解析によるものでした。ケプラーは火星の天球上の位置の運行を長年の丹念で精密な観測のもとに詳細に解析し、コペルニクスの地動説よりもさらに過激な説である、地球も他の惑星も「楕円」軌道で太陽のまわりを回っているのだという結論に到達しました。神をも恐れぬ結論でした。しかし、楕円軌道を許したことで、周転円などを使わなくても、太陽系惑星の見かけの動きを完璧に説明できるようになり、そのことで地動説は決定的になりました。そして、ケプラーが導き出した法則からニュートンの万有引力の法則が導かれ、近代科学の構築につながっていったわけです。筆者はケプラーの六〇〇ページにわたる著書（『新天文学』岸本良彦訳 工作舎 二〇一三年）を読みましたが、神の象徴の真円主義を完全否定して楕円軌道という結論に至るまでの、すさまじいまでの思考の軌跡が描かれており、圧倒されました。

一方、ケプラーと同時代のイタリアのガリレオ・ガリレイは望遠鏡を自作して、木星の衛星や金星、月などを人類史上初めてその目で見て、だんだんと地動説に傾いていきました。ただし、ガリレイとケプラーは、交流はあったようですが、ガリレイもまたケプラーの革新的な楕円軌道のモデルを認めることを拒んだようです。ガリレイは職人肌のケプラーとは違って、外に向けてのアピールに積極的だったようで、結果として、宗教裁判を受けることになりました。

コペルニクス、ケプラー、ガリレイといった人々は、当時の西洋社会の規範としてあったキリスト教の教えや日常的な感覚よりも、論理やデータが示すものを信頼したことにより、近代科学の礎となったといっていいでしょう。

今でも続くキリスト教とダーウィン進化論との対立

人間は神によって創造されたとするキリスト教の教えは、生物の進化論とも矛盾します。地動説は明白な実証ができたので、キリスト教会側も認めざるを得ませんでした。しかし、進化論に関しては、科学者の間では、進化があったことや遺伝プロセスが進化に結びついていることには、コンセンサスはありますが、その詳細については、現代でも議論が続いています。直接的な実証は簡単ではないので、未だに「進化論はウソである」という言説は、特にキリスト教圏に強く存在します。アメリカでは進化論を学校で教えていいのか、インテリジェント・デザイン説のような創造論と併記すべきではないかという議論がしばしば起こっています。二〇〇七年のニューズウィークによる調査では、アメリカ人の四八％は進化論を拒否し、大卒者の三四％が神による天地創造は事実だと信じているという結果だったそうです。(3) なお、カトリック教会では、人間の魂は神が作ったが、肉体は進化するといったかたちで、進化論を許容したとされていますが、プロテスタントにはまだ根強い進化論への抵抗があるようです。

イスラム教でも同様のことがあるはずですが、イスラム社会では科学と宗教の問題は棚上げするという風潮もあって、キリスト教における科学との対立に比べたら、対立は深刻ではないという面もあるようです[4]。

それに対して、現在のヨーロッパでは、歴史の成せる業なのか、アメリカに比べてプロテスタントに対するカトリックの力が強いのか、アメリカほどの科学と宗教の対立はないようです。北欧の科学者と話すと、現代の北欧ではキリスト教は文化として残っているだけで、信仰としては残っていないと明言していました。実際、二〇〇六年のサイエンス誌の調査によると、進化論を拒絶する人の割合は、日本では一〇%程度で、北欧でも一〇～二〇%であまり変わりません。他のヨーロッパ諸国でも二〇～三〇%ですが、アメリカでは四〇%、イスラム教国のトルコでは五〇%となっています[5]。

日本ではなぜ仏教・神道はダーウィン進化論を受容したのか

先の統計にもあるように、日本では大半の人がビッグバン宇宙モデルと同様に進化論を受け入れているように見えます。仏教においても、進化論との矛盾はあまり議論されていないようです。この理由について、筆者なりに調べてみると、いろいろな要因がありそうです。まずは、明治維新後の西洋文明が一気に流れ込んで来たときに一緒に進化論も入ってきたからという要因です[6]。明治維新の一〇年ほど前にダーウィンの進化論が発表されていて、東大のお雇い教授として招かれた動物学者のエドワード・モースは積極的に進化論を広めました。日本はとにかく西洋文明をどんどん吸収しようというタイミングだったので、疑義を挟む余地もなく、進化論も受け入れたという考えです。

二〇世紀前半には世界的に有名な仏教学者の鈴木大拙や、京都学派の哲学者の西田幾多郎らが積極的に進化論を取り入れていきます。[7]仏教といってもさまざまな流派がありますが、鈴木大拙は日本独自に変容した仏教として「東方仏教」という概念を提出しました。その中心となる考え方が「如来蔵思想」というもので、人間だけではなく、森羅万象あらゆるものが仏になる可能性を秘めているという考えです。微生物でも植物でも仏になれるという考えは、キリスト教における人間は神につくられた特別な存在で植物はおろか他の動物とも峻別されるとする考えに比べて、はるかに進化論との親和性は高いと考えられます。

さらに日本では「生まれ変わり」の思想が、必ずしも仏教の輪廻転生由来だけではなく、複合的に根付いていることで、[8]遺伝をベースとした進化という考えを受け入れやすくしていると思えます。

一方で、皇国史観では天皇は現人神のはずだったので、天皇陛下も他の人間と同様にチンパンジーから分かれた子孫であることを示す進化論は明らかに皇国史観に反したはずです。ところが、日本では進化論を教育の現場も含めてあっさりと受け入れ、あろうことに昭和天皇本人は進化論を基礎にした生物学者でもあったということは、非常に不思議なことで、特別な謎解きが必要となります。[9]

アインシュタインが一九五四年のエッセイに書いた「宗教なき科学は動きがとれず、科学なき宗教はまわりが見えない *"Science without religion is lame, religion without science is blind."*」という言葉は、しばしば、偉大な物理学者のアインシュタインが宗教の重要性を指摘したものと引用されます。しかし、ガーディアン紙の記事[10]によると、これはアインシュタイン独特の修辞法であって、新たに発掘された当時のアインシュタインの書簡を読むと、アインシュタイン自身は宗教に対して非常に辛辣であったとのことです。科学の存在感が増すなかで、従来の価値観からの抵抗が強くなって

「科学には宗教が必要、哲学が必要、倫理が必要」という言説が増したことに対して「宗教にだって科学が必要だろう？」と反発したということではないかと思います。

筆者には、欧米の科学者の友人が多数いますが、その範囲内のアメリカ人科学者で信仰心があつい人は皆無です。欧米人は宗教の話はよくするので、信仰心を秘めて語っていないという可能性は低いと思います。まだよくわからなかった若い頃にアメリカ人科学者に「日曜日には教会に行ったりするの？」と聞いたときに、かなり怪訝そうなというか、むしろ馬鹿にするなという感じで反発されて、筆者のほうがびっくりしたことをよく覚えています。このことは、先に挙げたアメリカ人の四八％が進化論を拒否し、大卒者の三四％が神による天地創造は事実だと信じているというニューズウィークによる調査結果との乖離が大きく、アメリカはこのような点でも分断されているのかもしれません。『利己的な遺伝子』という啓蒙書を書いた、有名な進化生物学者のリチャード・ドーキンスは『神は妄想である――宗教との決別』（垂水雄二訳　早川書房　二〇〇七年）という啓蒙書では強烈な宗教批判をしています。この本は世界で一〇〇万部を超えるベストセラーになったそうです。

そのような西洋での軋轢に対して、日本ではビッグバンも進化論もすっと受け入れられてきたようです。日本の天文学者の中には、僧侶であったり、家がお寺さんという人が、筆者が知っているだけでも何人もいます。ですが、そこに科学と宗教の葛藤というものは見られません。筆者はことあるごとに述べているのですが、生命の起源や地球外生命といった、宗教、特に一神教との齟齬がある根源的問いに関わる研究こそ、独特のゆるい（？）宗教観を持つ日本で推進すべきものだと思います。

2-7 生命の起源

二〇一二年、東京工業大学に「地球生命研究所」（ELSI）が新設され、筆者はそこに異動しました。ここは、地球と生命の起源の解明を大目標に掲げた研究所です。生命は原始の地球環境の中で生まれ、地球という天体での物質・エネルギー循環の一部としてあり、地球環境変動の影響を受けて進化し、地球環境を改変してきました。地球と生命は一緒に議論すべきというのが研究所の基本的な考えになっています。生命の起源は魅力あるテーマですが、生物学主流の研究者からは敬遠される分野なので、生命の起源を看板に掲げる研究所は珍しく、世界的に有名になっています。また、天文から惑星、地球の研究者と生命研究者が同じ建物にいて、交流しているところもユニークです。最近では、分野融合研究、学際研究というのは世界的なトレンドですが、バーチャルなネットワークばかりで、実体のある研究所は世界的にも稀有のものです。

以下で説明するように、生命の起源研究は「私につながる科学」であるとともに「天空の科学」の側面を持つので、このような多分野の研究者の協働が必要になります。筆者は、多くの分野の研究者が集まる研究所内での小さなミーティングに気楽に参加したことで、生命の進化や起源に関する研究の知識ばかりか、その分野の考え方や雰囲気、課題も知ることができました。

原始スープ説か代謝先行説か

生命の起源は化石情報で遡ることは原理的にできません。系統樹で一番根元の共通祖先ルカの性質まで推定できたとしても、無生物から生物の誕生は、さらにその前の段階になります。現在の宇宙の観測からビッグバンやインフレーションまでは実証的に推定できても、その前の宇宙の誕生となると実証が極めて困難になるのと同じです。ですが、宇宙誕生の前の物理法則は未知であるということとは違って、生命の誕生の前でも、私たちが知っている物理法則や化学反応法則は成り立つので、現在の生命から遡るアプローチだけではなく、原始の地球環境での非生物化学反応から生命という生化学反応システムへの変化を考えるというアプローチもあります。このアプローチは一般的に成り立つ物理・化学法則から個別の地球生命の誕生を考えようとするもので、どちらかというと「天空の科学」に近いアプローチです。このアプローチと現在の生命から遡るアプローチがつながれば、生命の起源がわかることになるのですが、依然としてその二つのアプローチの間には大きな溝（ミッシング・リンク）があり、実証は簡単ではありません。

地球生命において重要な物質は、核酸（DNAとRNA）とタンパク質です。核酸はヌクレオチドとよばれる塩基、糖、リン酸でできた分子がたくさんつながったものです。一方、タンパク質はアミノ酸がたくさんつながったものです。ちなみに地球生命が共通して（ヒトもバナナも大腸菌も）使っているアミノ酸は、無数にあるアミノ酸のうちたった二〇種類だけで、さらにD型（右手型）、L型（左手型）と呼ばれる、化学的には同等なアミノ酸のうちのL型だけを使っていることは、大きな謎になっています。また、工学的に細胞や遺伝子を操作して人工的な生物を作るという合成生物学という研究分野がありますが、その結果を見ると、一九種類や一八種類のアミノ酸だけで作ったタンパク質でも生命は機能するようなので、現在の二〇種類にどれだけの意味があるのかはよくわかりません。

　科学者が考える、生命の起源の標準理論は「化学進化説」というもので、原始の地球に存在した単純な有機物が反応して、ヌクレオチドやアミノ酸が作られ、それらがさらにつながって核酸やタンパク質になって、生命を形作っていったとするものです。化学反応の場は液体の水の中であっただろうと考えられています。液体の水は流動性もあり、温度圧力などが変動しにくい性質を持っています。エネルギーの流れや酸化還元状態の変化があったほうが化学反応は進みやすい傾向があるので、具体的には、海底熱水噴出孔などが候補に挙げられています。ただし、アミノ酸などが長くつながってタンパク質になる高分子化は水を抜いて結合する脱水反応なので、波打ち際や陸地の湖沼などの、乾燥した環境も得られる場のほうが適しているのではないかという意見もあります。生物の体の組成はヒトも含めて海水に近く、化石証拠などからも生物は何十億年も海の中に暮らしていたことは確かなので、液体の水と有機物は必須だったということはいえると思います。

　この生命誕生の過程が何千万年も何億年もかかる現象であるならば、実験で実証していくことは非常に困難になります。ところが、一九五三年にシカゴ大学の大学院生だったスタンリー・ミラーが、彼の指導教官だったノーベル化学賞学者のハロルド・ユーリーの原始地球大気モデルを基本にした実験で、水素、メタン、アンモニアのガス、水蒸気を密閉容器に入れて放電し、水で冷却して循環させたところ、数種のアミノ酸や核酸の部品になる分子が合成されることを示し、センセーションを起こしました。

その後、隕石の中にアミノ酸が発見されたり、銀河系に浮かぶガス雲にアミノ酸に近い複雑な分子が浮いているのが発見されたりして、条件さえ整えば、アミノ酸は容易に合成されることがわかりました。ヌクレオチドの合成も可能のようです。

原始地球環境でも核酸やアミノ酸が合成されたのかもしれませんし、隕石や星間塵《せいかんじん》は地球に降り注ぎ続けているので、宇宙で合成されたアミノ酸が隕石や星間塵に載せられて降ってきて、生命の合成に使われたのかもしれません（パンスペルミア説）。天文学者や惑星科学者は後者の説を好む傾向があるようです。それは、天文学者や惑星科学者には宇宙で起こることが実感しやすいこともあるかもしれないですが、実際に宇宙でアミノ酸などが発見されているからということも大きいと思います。

大きな問題は、これらの部品からタンパク質や核酸がどのように非生物的に作られるのかということです。旧ソ連の生化学者アレクサンドル・オパーリンは一九二〇年代に「原始スープ説」とも呼ばれる生命の起源説を提案しました。低分子有機物や栄養素がたっぷり入った原始海洋があって、その中で、化学反応がランダムに起こって、確率的にだんだんと複雑な有機物ができていき、生命に至ったという説です。しかし、化学反応では、普通は無秩序な構造の有機物が多数合成されます。生命の部品に使えそうなアミノ酸などの特別な有機物は、稀にしかできないのです。これは「タール問題」とか「アスファルト問題」と呼ばれています。また、稀にアミノ酸のようなものができても、原始海洋の中ではすぐに希釈されてしまうはずなので、反応が進まないはずです。これは「希釈問題」と呼ばれています。

別の考えは、代謝先行説です。いったん、地熱や太陽エネルギーなどを使った代謝（生命が外界との間で起こすエネルギーや物質の出し入れ）の化学反応サイクルが回りはじめれば、必要な有機物はそのサイクルで生産され続け、生命に至るというアイデアです。この場合はタール問題や希釈問題はありません。しかし、現在の生命の代謝の化学反応サイクルは酵素を使って回っています。酵素というのは生命の体内の化学反応の触媒のことです。化学反応には大きなエネルギーが必要になることが多いのですが、触媒があるとわずかなエネルギーでも反応が進みます。この酵素はタンパク質でできていて、これも生命が作ったものです。つまり現在の生命の体内で起こっている代謝は生命の部品のタンパク質によって可能になっているのです。生命が生まれる前の最初の化学反応サイクルは非生命的な触媒によって回る必要があります。原始地球環境のある条件が触媒の働きをしたのかもしれませんが、そこがよくわかっていません。ちなみに、ドイツの弁理士ギュンター・ヴェヒターズホイザーが、本業の傍らで考えて、一九八八年に論文で発表した、鉱物表面で自己触媒的な代謝システムが作られたという説は、専門家の間でも注目を集めています。

うまくタンパク質と核酸ができたからといって、それで生命になるわけではありません。それらが機能的に組み合わされる必要があるのです。代謝が持続的に起こる必要があり、複製システムも働かなくてはいけません。「タマゴが先か、ニワトリが先か」という問題も有名です。生命の体の中ではタンパク質はＤＮＡの情報をもとに作られます。ところが、ＤＮＡを複製したり、ＲＮＡを合成したりする酵素はタンパク質でできています。タンパク質と核酸はどちらが先にできたのか、未だに議論が続いています。ＲＮＡが先にできて、そこからＤＮＡができてタンパク質ができたとする「ＲＮＡ

ワールド仮説」は有力視されていますが、まだ決め手はありません。

現存の地球生命が一系統であることの問題

生命の起源研究における大問題は、地球の生命は多様に見えて、共通祖先から分かれていった一系統のものにすぎないということです。ヒトもバナナも大腸菌も同じ仕組みの遺伝コードを持ち、同じ二〇種類のアミノ酸を使って細胞を作っています。すでに述べたように、その遺伝コードにも二〇種類のアミノ酸にも必然性は見出されていません。生命の定義でよく使われる「複製」、「代謝」、「外界との境界」は、地球生命が採用している仕組みですが、それが本当に生命というものに必要なものなのか、どれだけの普遍性があるのかがよくわからないのです。つまり、地球での生命の発生に、どれだけの必然性があったのか、どれくらいの偶然性があったのかが、一系統を見るだけではわからず、そのことが生命の起源研究を難しくしています。太陽系だけしか知らなかった時代に、太陽系の起源の研究をすることが簡単ではなかったことと同じです。

一系統しか残っていないならば、その一系統には生命というシステムを持続させる必然性があるという考えもあるかもしれませんが、生命誕生期にはいろいろな系統があって、それらが競い合った末に一系統がたまたま生き残ったという考えもあるので（あとでお話しする人類の起源は、そういう流れだったようです）、単純ではありません。

地球においても、ウイルスという奇妙なものがいます。ウイルスには細胞もなく、自分では複製できませんが、ＤＮＡは持っていて、他の生物に感染すると感染した生物の代謝を利用して増殖します。

ウイルスは遺伝子を運び、生物間の遺伝子交換を媒介して地球生物の進化に大きな影響を与えています。そのようなウイルスは「生命」なのか、未だに議論が続いています。原始的な生命という意見がある一方で、極めて進化して、〝断捨離〟を徹底した生命だという意見すらあります。

独立栄養生物と従属栄養生物

生命は進化すると、それまで使っていた機能を捨てる傾向があります。ヒトも生きていく上で必須のビタミンを合成することをやめてしまいました。生物にとって必須だけれども、その生体内で十分に合成できない有機物をビタミン、無機物をミネラルと呼んでいます。複雑になった生物ほどビタミンの種類は増え、ヒトを含む霊長類はビタミンの種類が非常に多くなっています。ビタミンの摂取は、ビタミンを作ることができる他の生物を摂食することで賄っています。さらに、動物は、生きるために必要なエネルギーを太陽光から作ることもできず、植物に光合成させて、その植物を直接・間接的に摂取することで太陽光エネルギーを取り込んでいます。ヒトも含めた動物は、このように他の生物が作った有機物などを摂取して生きているので、「従属栄養生物」と呼ばれます。他の生物に依存している点では、ヒトもウイルスと同じようなものです。先に述べた原始スープ説の原始生命もまわりに用意された有機物や栄養素を食べるので従属栄養生物だといっていいかもしれません。

それに対して、植物は自ら太陽からエネルギーを作りだして生きていけるので、「独立栄養生物」です。代謝先行説の原始生命は独立栄養生物といっていいでしょう。

生命とは何かという問題を考えるときに、ウイルスを考えることは重要になると思います。3－7

章で紹介する極限環境生命も生命という概念を広げるためには必要です。それでも、ウイルスも極限環境生命も一系統の地球生命につながっています。生命の起源を探るためには、他の系統の生命に関する情報が是非とも必要です。つまり、系外惑星の大気観測からそこに生息しているかもしれない生命もしくは生命が住む環境の情報を探ったり、エンケラドス、エウロパ、火星など太陽系内天体で生命についての情報を得たりすることは、宇宙における一般的な生命の姿と多様性を知るということだけではなく、地球生命の起源を知る上でとても重要なのです。その重要性は、系外惑星系が多数発見されたことで、惑星系とは何かということに対する理解や太陽系や地球とはどういう天体なのかという理解が、太陽系だけしか知らなかった時代に比べて、格段に進歩したという事実から、推し量ることができます。

ところで、生命の起源の議論に関しては、進化論ほどの宗教との強い軋轢はないように見えます。現代の生命の起源論は、非生物から生物への化学進化、共通祖先から分岐した進化という考えを基本としているので、神がいきなり人類や他の生物を創造したというような考えとはあまりにかけ離れていて、かえって接点がないのかもしれません。あるいは、生命の起源に関する科学的な標準モデルがまだ完成していないので、論争にならないということがあるかもしれません。

2-8 地球四五億年の生命進化

生命の3ドメイン説

アメリカの微生物学者のカール・ウーズらは16SリボソームRNAを使って解析した地球生命の分子系統樹を一九九〇年に発表しました。地球生命は共通祖先から早い段階で単細胞の細菌（バクテリア）、同じく単細胞の古細菌（アーキア）、そして多細胞の真核生物という、3つの大きな系統に分かれたとするもので、3ドメイン説と呼ばれます。生物分類学においては、それまで、動物界や植物界といった「界」が最上位の分類階級だったのですが、ウーズは動物も植物もアメーバも真核生物というひとつのドメインにひとくくりにできると主張し、インパクトを与えました。

古細菌は高温の場所を好むものやメタンを使ってエネルギーを生成する細菌も含み、最初の生命の生き残りというイメージを抱かせますが、証明されたわけではありません。この系統樹は、あくまでも現在生きている生命に関する解析で、それらが過去にどのように分かれて進化してきたのかを推定したものです。

この系統樹では、真核生物の祖先がアメーバや植物、ヒトを含む動物に分岐してきたことを示します。人類はその進化のひとつ枝の先にあるだけで、地球生物が人類に向かって収斂的に進化してきた

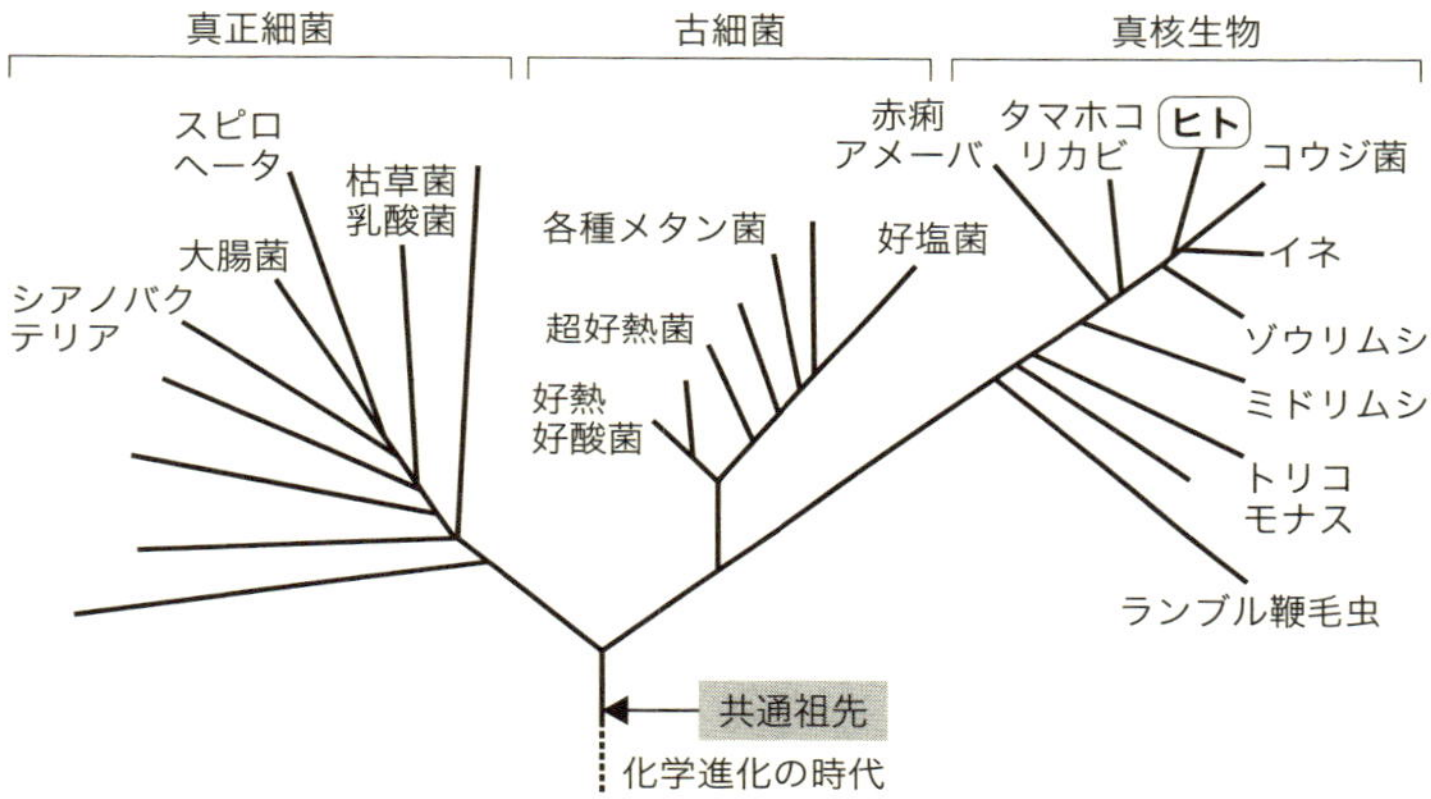

3ドメイン説による地球生命の分子系統樹（https://www.yodosha.co.jp/jikkenigaku/mb_lecture_ex/vol1n1.html 図2を改変）

わけではないということがわかると思います。

ウーズの3ドメイン説は、それまでの形態による分類とはかけ離れたもので、当時の生物学者たちには到底受け入れられない説で、受容には時間がかかったようです。このあたりは、ビッグバン宇宙モデル、プレートテクトニクスの受容までの流れと同じです。それまでの分類は原生生物からだんだんと枝分かれして、動物や植物、菌類に分かれるというもので、もちろん動物の分類はとても詳細にわたります。それに対して、ウーズの3ドメイン説では、真正細菌、古細菌、真核生物を並立させ、真核生物の枝分かれのほんのわずかな部分に動物や植物が割り当てられているだけです（プロローグで示した図では動物、植物の部分が強調されています）。

この3ドメイン説は一九九〇年に発表され、当時、筆者は地球物理学で博士をとったばかりでしたが、この説の紹介をセミナーで聞きました。「なんだこれは？一体どこまで信用したらいいのだろうか？」と他の地球物理学の研究者と話したことをよく覚えています。専門が異なり、判断がつかなかったことで「なんだこれは？」くらいで済んだのですが、同じ分野の人たちにとっては、強い抵抗があったのも当然のことだと思います。3ドメイン説は、今では広く受け入れられ、スタンダードになっています。ウーズはもともと物理学が専門だったそうで、「天空の科学」の視点を持っていたから、このような説に到達できたのかもしれません。

繰り返した生命大絶滅

化石情報も合わせて詳しく調べると、枝分かれして進化していったけれども絶滅してしまった生物も大量にいることがわかります。恐竜はよく知られた例です。大きな環境変動があって、その当時に生息していた生物の大半が絶滅した時代が地球には何度もあったということが、地質学や古生物学の解析からわかっています。約二億五〇〇〇万年前にはＰ－Ｔ境界（ペルム紀－三畳紀境界）の大絶滅またはペルム紀末の大絶滅と呼ばれる、当時のすべての生物種の九〇％以上が絶滅したとされる大絶滅が起こりました。原因についてはまだ特定されていませんが、何らかの環境激変があったと想像されています。この大絶滅のあとに恐竜が急速に進化し、地球生命の主役になります。しかし、六五〇〇万年前のＫ－Ｐg境界（中生代－新生代境界）で恐竜は突如として絶滅します。メキシコのユカタン半島に落下した、直径一〇キロメートルほどと推定されている、小惑星の衝突が引き金になったと考えられていて、七〇％の生物種が絶えたとされています。この大絶滅を生き残った哺乳類の祖先が人類につながります。

このように、大絶滅を繰り返しながら、主役が入れ替わってきたというのが地球生命の進化の歴史なのです。

地球の環境激変イベントとして有名なのが、２－３章でも述べた「全球凍結（スノーボールアース）」と呼ばれる超寒冷期です。地質学的証拠から、七～六億年前に海が赤道域まで凍りついて、地球全体が氷に覆われてしまい（スターチアン氷河時代およびマリノアン氷河時代）、生物の大半が死滅したと考えられています。その全球凍結終了後に生物が爆発的な進化を遂げたことがわかっています。これが、五億三〇〇〇～四〇〇〇年前のカンブリアの大爆発（的進化）です。海の中で暮らしていた単純な生物が爆発的に進化して、複雑な形態になり、植物や動物のように大型化して陸に上がることになりました。

全球凍結は二十数億年前にもあったようで、そのタイミングで、単細胞の原核生物から、サイズにして一〇～一〇〇倍近くも大きく、ＤＮＡが核の中に格納されてさまざまな細胞小器官を持つ、真核生物が生まれました。このような進化は、ダーウィンの進化論で考えられたゆっくりとした連続的な進化とは描像が違っています。

アメリカの進化生物学者のスティーヴン・ジェイ・グールドは進化が猛烈に加速される時期が断続的にあったとする「断続平衡説」を一九七〇年代に唱えました。この説は突然変異による生物進化を否定しているわけでも、神が生物を作ったと主張したわけでも決してなく、２－５章で紹介した分子時計の考えが通用しないほどの急速な進化時期があったことを示したのだということに注意してもらいたいと思います。研究者は新しい概念を提案するときに、強い表現を用いることが多く、グールドも当初、「ダーウィニズムは崩壊しつつある」という表現を使ったので、一部で誤解も生じました。

現在では環境大変動と生物の急速進化の関係を探る議論が行われています。

新たな地質年代「人新世」？

こういう生命進化の歴史を眺めていくと、人類が地球生命の主役にあるのも一時期であり、何かの原因で人類が滅べば、単に次なる主役が現れるだけである、という考えが自然と出てくると思います。一方で、人類は他の生物とは違っていて、独立したドメインの生物であるという意見もあります。それは、言語を使って知識を共有し、それも抽象概念までも共有することで、DNAではなく外部に記憶装置を持ったからだという考えです。遺伝子解析では人類はチンパンジーと九八〜九九％同じでも、外部記憶装置の有無の差は圧倒的に大きいという意見です。特に、産業革命以降、さらには二〇世紀に入って人口は爆発的に増え、人類の活動によって地球表層環境が大きく影響を受けるようになってきました。地質年代は地球表層環境の変化や化石の変化で定義されます。二酸化炭素の増加も人為的起源かもしれませんが、二〇世紀の地層には都市化によるプラスティックやコンクリートが埋まり、それ以前の地層とは明らかに違った特徴を示すことは間違いありません。一方で、人類は自らのテクノロジーで身体や脳を改造しようとしており（トランスヒューマン、ポスト・ヒューマン）、今後の人類の化石は、それまでの生命進化とは異なる様相を示すことでしょう。そういった意味で、人類滅亡後の未来から見ると、二〇世紀に「人新世」という新しい地質年代が始まったともいえます。この人新世という概念に対しては、人間の思考を主題にする哲学をはじめとして人文社会コミュニティで活発に議論されています（地球科学者はそこまで強い関心を持っていないように見えますが）。

2-9　人類への進化とこれから

ゲノム解析で塗り替えられた人類誕生史

人類の起源、進化については、原生人類のみならず、数十万年前の原人の骨の化石の遺伝子すら解析可能になったことで、急激に解明が進み、従来の化石の形態や遺跡の情報から推定されていたストーリーが急速に塗り替えられてきています。

塗り替えられた、新しいストーリーは以下のようなものです。今後も新しい発見、新しい解析によって、変遷していくかもしれませんが、遺伝子解析が開始する以前のストーリーから大きく変わっていることがわかります。

チンパンジー（類人猿）と人類の祖先（猿人）が分かれたのは、六〇〇〜七〇〇〇万年前と推定されています。猿人の定義は完全な直立二足歩行をしていたこととされています。六〇〇〜七〇〇〇万年前の初期猿人から二〇〇〜四〇〇〇万年前のアウストラロピテクスまで、猿人の化石は多様な種類のものが発見されています。多様な猿人が進化しては絶滅していったことが示され、現代の人類につながったのは、その中の一系統だけのようです。

これら多種類の猿人が誕生した場所はアフリカです。なぜアフリカだったのかは、まだわかりません。二〇〇万年前にはホモ・サピエンスにつながる原人ホモ・ハビリスそしてホモ・エレクトスが生まれました。ホモ・エレクトスは肉食を始め、脳体積も大きくなり、やがてアフリカを出て、アジアやヨーロッパへと拡散していきました。アジアに渡ったホモ・エレクトスは北京原人やジャワ原人として知られ、ヨーロッパに渡ったものはホモ・フロレシエンシスとして知られています。ただし、アジアやヨーロッパへ拡散したホモ・エレクトスはその後、絶滅してしまったようです。その後、アフリカでは、六〇万年前に旧人ホモ・ハイデルベルゲンシス、三〇万年前にはホモ・ネアンデルタール(ネアンデルタール人)が誕生します。石器の他、装身具や火なども使うようになってきました。

一〇～二〇万年前には、ついにアフリカで、人類の直接の祖先のホモ・サピエンスが登場し、交易や死者の埋葬といった抽象思考も持つようになったようです。そして七万年前には、過去の原人や旧人が失敗したアジアやヨーロッパへの拡散を再び始めたとされています。進化が起こったのはアフリカで、やがてアジアやヨーロッパに広がっていったとする考えを「アフリカ単一起源説」と呼びますが、ゲノム解析の成果により、この説はかなり確実になっているようです。

当時、ネアンデルタール人もまだ存在しており、ホモ・サピエンスと生存競争をしていたようですが、ネアンデルタール人はそれに負けて、数万年前には絶滅の道をたどります。ネアンデルタール人の脳体積は現代の人類と同等かそれ以上あり、知能も高かったようなので、なぜ絶滅したのかは謎になっています。また、当時、ホモ・サピエンスともネアンデルタール人とも異なるデニソワ人と呼ばれる種族が存在していたことも明らかになりました。デニソワ人も絶滅しましたが、アフリカ出身者以外の現代の人類には、ネアンデルタール人やデニソワ人の遺伝子も混入しているので、ホモ・サピ

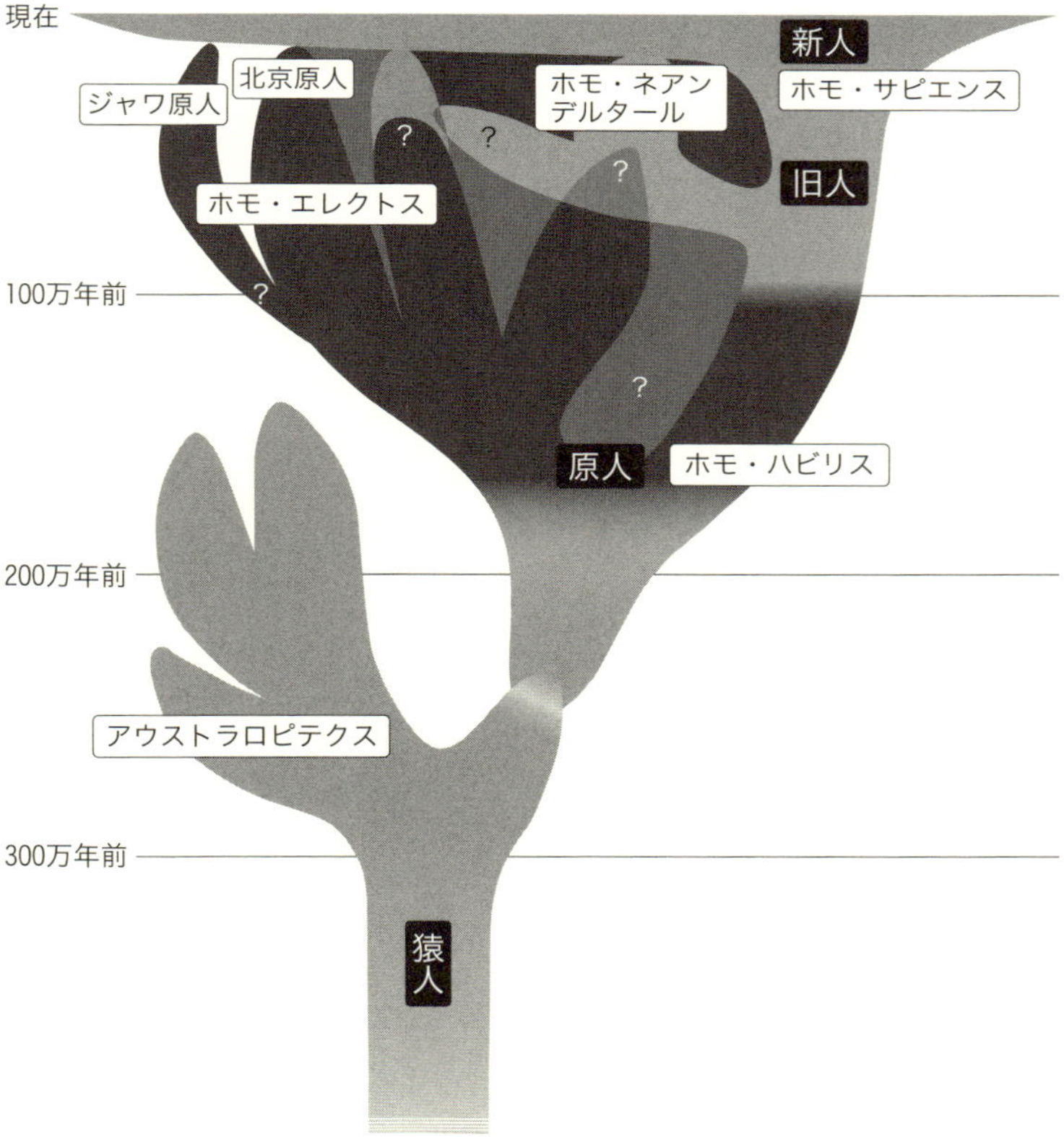

人類の進化

（国立科学博物館作成の「人類の系統樹について」および『サイエンスウィンドウ』2014年春号（4－6月）http://sciencewindow.jst.go.jp/html/sw54/sp-006 をもとに作成）

エンスはネアンデルタール人やデニソワ人と生存競争をしていただけではなく、交配をしていたことも確実になりました。

ホモ・サピエンスも一度は絶滅の危機に瀕したのではないかという説もあります。それは他の生物に比べて、人類のゲノムの多様性が小さいことから、いったん、人口が激減した後に、その少数のゲノムをもとにして人口が激増したことが原因ではないかと考えられているのです。人口激減のひとつの可能性は、当時は氷期で、平均気温が今より一〇℃以上低いという過酷な気候だったからということかもしれません。一方で、氷期においては、氷河の発達によって海水準は今よりも一〇〇メートル以上低くなっていたため、多くの島や大陸が陸続きになっていて、そのことで、ホモ・サピエンスはアフリカからオーストラリアなどにも到達し、シベリアを抜けて、北アメリカや南アメリカにも広がっていけたとも考えられます。

人類の加速的変化

そして今から一万年前、地球は氷期から間氷期に移行し、温暖な気候のもとに農耕・定住が始まります。サハラは緑の大地となり、メソポタミア・エジプト文明が栄え、インダス・黄河文明も始まります。三〇〇〇〜五〇〇〇年前にはついに文字が誕生し、書物などの外部記憶装置の誕生によって知識を共有し、人類文明は急速に発展していきます。ニュートン力学により一七世紀に近代科学が確立し、一八世紀後半から一九世紀にかけての産業革命という工業化が人々の暮らしを一変させ、七〇〜八〇年前にコンピュータ、三〇〜四〇年前にインターネットの誕生と、加速度的な進化が続くわけです。

もはや各人が持つスマホやPCは人類の有史以来の叡智にインターネットで接続され、AI技術によって、瞬時に検索して取り出せるようになっています。人類の意識・知性というものは、外部環境を五感で捉えたデータからシンボルを生成し、さまざまなシンボルの関係性を構築することで成り立っているともいえますが、その役割はAIが代わりに引き受けてくれようとしています。医学は老化を止め、人類の寿命をなくそうとしています。クリスパーキャス9という新技術の登場によってゲノムは自由に書き換えることができるようになってきました。ゲノム編集技術で新人類が生まれるかもしれませんし、脳をマシンやコンピュータ、他の人の脳に直接に接続する「ブレイン・ネットワーク・インターフェース」の技術も急速に発達しています。一つの身体を複数人でシェアしたり、アバターやコンピュータに脳を接続したりすることも可能になろうとしています。「オプトジェネティクス」という新技術によって、脳細胞を操作して記憶の書き換えもできるようになっています。外部記憶装置による知識の共有は次のステージに入ったともいえそうです。

そして、人類は宇宙の起源、生命の起源を解き明かそうとし、宇宙の他の生命とも出会うかもしれません。脳科学・神経科学、AI科学の進展によって、「意識の起源」という学問分野も急速に立ち上がろうとしています。AI、ブレイン・ネットワーク・インターフェース、オプトジェネティクスなどの急速な発展によって、私たちは、哲学とはまったく違った方向から、ヒトの意識・知性とは何かという問題に立ち向かわざるを得なくなるかもしれません。このことが科学的に明らかになれば、地球外知的生命とのコンタクトもあり得るかもしれません。

一方で、グローバル化のもとでの宗教対立や移民問題は先行きが見えません。地球の全人口の爆発的増加によって、エネルギー、食料、水の供給が追いつかず、いずれ破綻するという予測は前からいわれています。人類が生まれたアフリカ大陸では、その問題は深刻な状況です。ミランコビッチ・サイクルによって、人類の急速な発展を促した間氷期はいずれ終わり、氷期に入るはずです。地球環境を一変させる小惑星衝突や巨大火山噴火は、低くてもゼロではない確率で、いつか必ず起こります。

一体、人類はどこに行くのでしょうか？　それはさんざん議論されてきました。しかし、人類のテクノロジーの加速度的変化の激しさは、予測を困難にさせていると思います。

「私につながる科学」は「地上」の私たちの生活に接続し、大陸移動、遺伝子、生物の仕組み、医学の進歩、人類の由来といった、多くの人が実感を持ち、身近な興味を持つものを研究対象にしています。本書では取り上げませんでしたが、新素材を作る物性・材料科学、新エネルギー、創薬、ITなどの産業創出やビジネスをゴールとした、いわゆる「役に立つ科学」も「私につながる科学」の範疇かもしれません。一方で、「私につながる科学」は巨大地震、地球温暖化、ゲノム編集のリスク、政治や宗教との関わり、人類の未来の悲観的予想……といった深刻な話にもつながります。このような「役に立つ」研究や深刻な問題に一直線に取り組むのも科学の使命ですが、一方で、好奇心の赴くままに楽しく彷徨うのも科学だと思います。

本章でも、2－5章の遺伝の話から2－7章の生命の起源や2－8章の地球史と生命進化の話へと彷徨ってしまいました。ここの2－9章では人類のこれからの話にも彷徨いました。そこでは「天空の科学」の視点へと自然に移り変わりました。

私たちが生きている世界（時空間といったほうがいいかもしれません）の仕組みを知り、この世界に生きている実感や楽しさを知るためには「天空の科学」も必要なのだと思います。また、これだけ産業やビジネスの転換が早くなった現代において、目の前の「役に立つ」ものの次に来るものを知るためや、深刻な問題の背後にあるものを知り、その問題に対して自ら判断を下せるようになるためにも、「私につながる科学」と「天空の科学」の視点を行き来しながら考えていくことが必要なのではないでしょうか。

＊注

（1）泊次郎『プレートテクトニクスの拒絶と受容――戦後日本の地球科学史（新装版）』東京大学出版会　二〇一七年

（2）プルームテクトニクスは深尾良夫（元東京大学地震研究所）や丸山茂徳（元東京工業大学）が提唱したモデル。

（3）POLL: GOD'S APPROVAL RATING（https://www.newsweek.com/poll-gods-approval-rating-95281）

（4）Creationism, Minus a Young Earth, Emerges in the Islamic World（*New York Times*, Nov 2, 2009 https://www.nytimes.com/2009/11/03/science/03islam.html）

（5）Jon D. Miller et al.,（2006）Public Acceptance of Evolution, *Science* Vol. 313: pp. 765-766

(6)鵜浦裕（1993）「近代日本における進化論の受容と井上円了」『井上円了センター年報』第2号 pp. 25–48
(7)安藤礼二『大拙』講談社 二〇一八年
(8)竹倉史人『輪廻転生——〈私〉をつなぐ生まれ変わりの物語』講談社 二〇一五年
(9)右田裕規『天皇制と進化論』青弓社 二〇〇九年
(10)Childish superstition: Einstein's letter makes view of religion relatively clear（https://www.theguardian.com/science/2008/may/12/peopleinscience.religion）

3

天空と私が交錯する

「ハビタブル天体」

筆者は、京都大学でのうたかたの夢の時間から東京大学大学院の地球物理学専攻に入って、現実世界にいったんは戻ったのですが、その後、再び天空へと少しずつ戻っていきました。再び向き合った「天空」は、太陽系、系外惑星系でした。天空といっても宇宙の果てでもなく、一三八億年前の宇宙創成の話でもなく、私たちが住んでいる地球や地球の生命から地続きになっている、どちらかというと身近な天空です。その後、筆者は、ときどき地上に接しては、また天空へ戻ったりしているうちに、地球生命の進化、そして起源、地球外生命というものにも興味を持つようになりました。それは筆者の体験にすぎないのですが、先に述べたように、もっと広い意味でも「私につながる科学」と「天空の科学」の視点の両方を行き来しながら考えていくことが必要なのではないかと思うようになりました。

まずは、系外惑星の話から始めて、太陽系外のハビタブル惑星、太陽系内のハビタブル衛星、地球外生命、地球外知性の話に進んでいきたいと思います。だんだんと「私につながる科学」の視点と「天空の科学」の視点が絡み合う話になっていきます。

3-1 系外惑星の発見へのみちのり

プロローグでも述べましたが、太陽系外の惑星探しが始まったのは一九四〇年代のことです。二〇世紀に入るとアインシュタインの相対性理論が発表され、一九二〇〜三〇年代にはハッブルの法則が見出され、シュレディンガーやハイゼンベルクらによって量子力学が完成し、一九四〇年代にはガモフらによって膨張宇宙論・ビッグバン宇宙論も提案されました。

太陽は、銀河系という恒星の集団の一員だということが認識され、その銀河系は宇宙の中に無数に存在する銀河のひとつだということがわかりました。宇宙は階層構造をなしていて、太陽のまわりに地球や火星や木星が回っていて太陽系を作っているので、自然と、他の恒星も惑星系を率いているのではないかと考えて系外惑星探しが開始したわけです。天空の視点からのモティベーションです。

一方で、「太陽は平凡な恒星かもしれないけれど、太陽系のような惑星系は奇跡的な存在かもしれない」という思いや「全体としては太陽系のような姿の惑星系も普遍的に存在するかもしれないけれど、私たちがいる地球はきっと奇跡の星・特別な星であるはずだ」という思いを持つ研究者もいて、そういう思いも混じり合って、系外惑星の探索は進んでいくことになります。

系外惑星探しが始まった一九四〇年代においては、太陽系がどのようにして形成されたのかに関して、いろいろなモデルが乱立していました。太陽がたまたま他の恒星に大接近したときに、他の恒星の重力で太陽を構成する水素ガスがひっぱり出されて、それが固まって惑星系ができたとする遭遇説(1)や、太陽がたまたま暗黒星雲に出会ってその星雲ガスを捕らえたという説も有力でした。これらの説は、稀な大接近を前提としているので、恒星は普遍的であっても、惑星系は稀な存在だということになります。ただし、惑星系は稀であっても、その稀な現象の物理法則は同じなので、太陽系と似た姿をしているはずだと考えられていたようです。

ましてや惑星系が普遍的に形成されるならば、その惑星系は太陽系と同じような姿をとっていると考えるのは当然でした。一方で、宗教的・文化的な影響もあって、地球は特別でなければならないという考えも根強いものがありました（今でもあります）。

系外惑星の検出方法はいくつもありますが、中学理科や高校物理の知識で十分に理解できる原理でありながら、アイデアを巡らせた巧妙なものが多いので、簡単に紹介したいと思います。

中心星のふらつきを見かけの位置から測る

天体観測というと、天文学者が望遠鏡を覗いている姿をイメージする人もいるかもしれませんが、研究を生業とする天文学者の観測とは、ハイテク装置によるデジタルデータの取得とコンピュータでのデータ解析です。ノイズにまみれたデータから意味のあるシグナルを取り出すパターン認識においては、人の目はコンピュータ・プログラムよりも強力なことがあるので、データ解析においてはグラフを人間が見るというアナログな方法も思いのほか多く使われています（それも今後はＡＩが担うよう

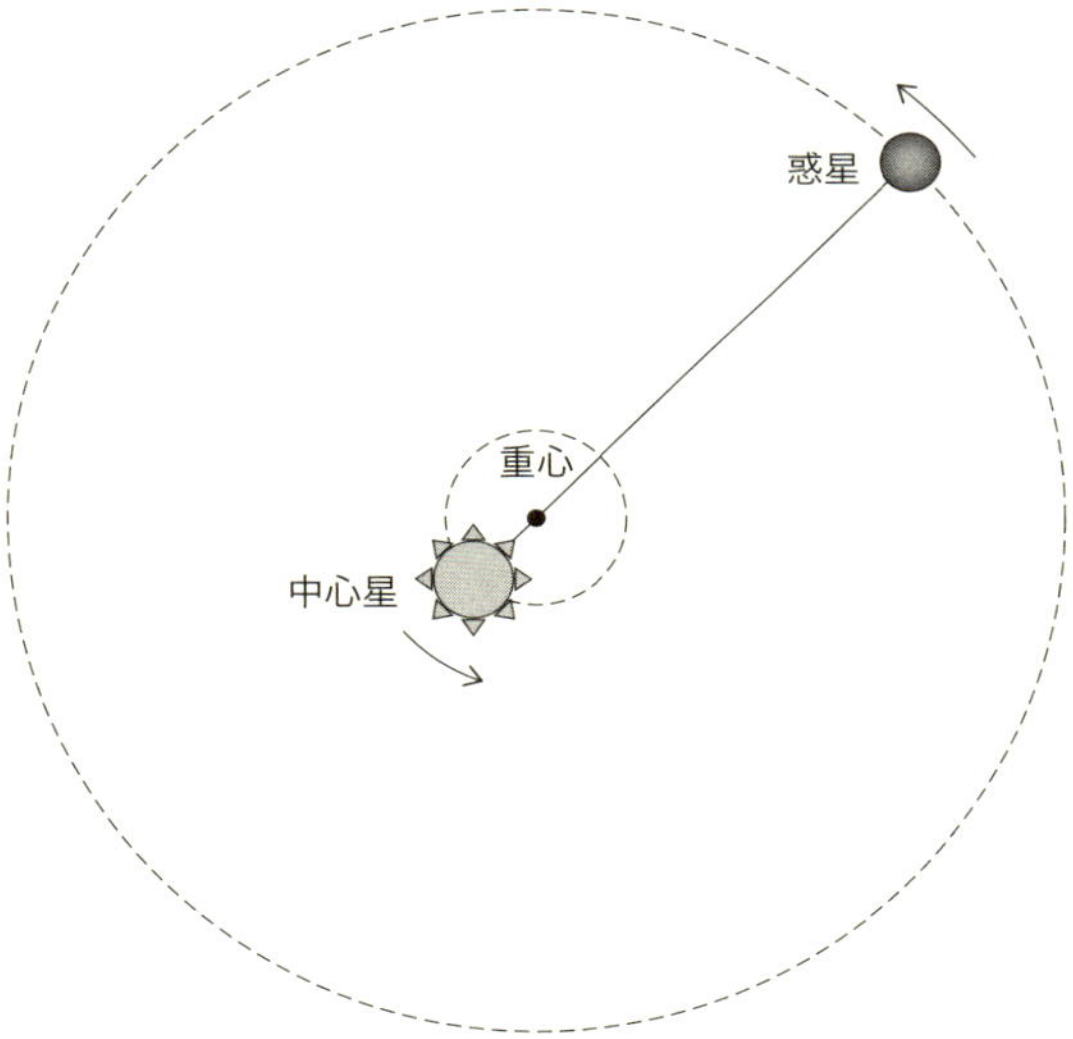

中心にある恒星のふらつきを観測することで惑星を発見する

になると思いますが）。

系外惑星の観測はとても難しいものです。惑星の回る軌道の中心にある恒星が、惑星の観測の邪魔をするからです。金星は明るく輝きますが、その金星も太陽から離れた方向にあるときにしか見えません。ましてや、系外惑星ははるか遠くにあります。大型の望遠鏡を使っても、桁違いの明るさで輝く恒星とほぼ同じ方向にあるので、惑星の光がかき消されてしまうのです。

そのため、直接に惑星を探すのではなく、惑星が回っている中心の恒星を観測することで、惑星の存在を間接的に検出するという方法が多用されることになります。

初期の一九四〇～七〇年代に使われた方法は、星座の中での恒星の位置測定です。ある恒星を惑星が回っているとき、その恒星はじっと止まっているのではなく、ふらつきます。

その恒星のふらつきを観測できれば、惑星が存在していることがわかります。ハンマー投げで、選手が投げる前にターン（回転）しているときの、鉄のおもりが惑星、選手が中心星に対応するとイメージしてもらえばよいと思います。

原理が単純なのはいいのですが、惑星は中心星に比べて圧倒的に軽いので、中心星のふらつきは非常に小さいことが問題です。木星の場合、太陽のまわりを一二年かけて公転しているので、木星のような惑星が他の恒星を回っているとすると、その恒星が一二年というような周期で微妙に振動するのを捉えなければなりません。恒星は銀河系内で回転運動しているので、私たちに近い恒星の見かけの位置はずれていきますし、大気のゆらぎもあり、長い周期の間には測定器のずれも出てくるため、非常に難しい観測になるのです。

それでも果敢に挑戦した天文学者は何人もいて、半世紀にわたるドラマがありました。[2] 系外惑星探査は一九四〇年代に始まり、その後の数十年の間に、バーナード星の惑星など、いくつもの系外惑星発見のニュースが流れました。冷戦下のアメリカとソ連との宇宙開発レースがヒートアップしている頃とも重なり、他の星での惑星発見という、人類の未知の世界への開拓史に残る快挙は、マスメディアにより大々的に取り上げられたようです。しかし、後の検証により、どれもが観測誤差を惑星のシグナルだと見間違えたものだとわかりました（バーナード星では見間違えたものとは別の惑星が二〇一八年に発見されています）。一九七〇年代には系外惑星探しのプロジェクトはいったん潰えたように見えました。

中心星のふらつきをドップラー効果で調べる

しかし、一九八〇年代に入ると、惑星による中心星のふらつきを、位置観測ではなく、ドップラー効果を使った方法で捉えるという画期的な方法が使われるようになりました。ドップラー法または視線速度法と呼ばれています。そのふらつき運動が、地球からの視線方向に垂直になっていない限り、恒星は地球から見て、周期的に近づいたり遠ざかったりすることになり、恒星からの光はドップラー効果で、周期的に青くなったり、赤くなったりするのです。1－4章でも述べた、救急車が近づいてくるときと遠ざかるときで音が変化することと同じ原理です。恒星からの光の色の変化を調べるので、大気のゆらぎは影響しなくなります。

この方法は見えにくい伴星の発見方法として、一九世紀末からあったのですが、一九八〇年代に入って観測精度は格段に上がりました。木星の公転による、太陽のふらつきの速さは秒速一三メートル程度ですが、一九八〇年代にはその速度のドップラー効果が検出可能になりました。これには大きな期待が寄せられ、それから一〇年以上観測が続けられたのですが、系外惑星は確認できませんでした（失敗したと思われたドップラー法による系外惑星探しは一九九五年以降に大成功を収めることになるのですが……）。

太陽系形成の標準モデル

一九九〇年代に入って、世界の観測チームは徐々に系外惑星探しから撤退を始めました。半世紀をかけて何も発見できず、画期的な方法を使ってもだめだったので、仕方のないことです。学界の雰囲気は「太陽は平凡な恒星かもしれないけれど、太陽系のような惑星系は奇跡的な存在かもしれない」という方向に傾きはじめました。

前出の二〇世紀前半に提案された遭遇説はすでに否定され、恒星のまわりに作られるガス円盤の中で多数の小天体（微惑星）が生まれ、それが集積して惑星が形成されるという「標準モデル」が一九八〇年代には確立していました。まずは、銀河に漂う希薄なガスの塊が、自身の重力によって、サイズにして何桁も収縮して恒星が生まれます。ガスの塊が最初の状態でほぼ無回転でも、収縮に従って回転が強くなって遠心力が効き、必然的にガスは円盤状になります。この円盤の回転はだんだん弱まって、遠心力が弱まるので、いずれ中心星に落ち込んでしまうのですが、その間に円盤の中で無数の固体微粒子が凝縮して、それが集まって惑星が作られると考えられます。

標準モデルは、以下のようなものでした。中心星に近いところでは、小型の岩石惑星（地球型惑星）が作られます。中心星から離れた外側領域では温度が低いので、氷微粒子も凝縮します。円盤ガスの密度は非常に低いので、摂氏マイナス一〇〇℃以下にならなければ、氷微粒子は凝縮しません。氷（H_2O）を作る水素や酸素は銀河系の中にたくさんあるので、氷微粒子が凝縮すると、大量の材料物質が現れるので、大きな氷惑星が作られます。その氷惑星は、強い重力で円盤ガスも引きつけて、巨大ガス惑星になります。一方で、さらに外側の領域では集積が遅く、ガスを引きつけられないうちに円盤ガスが消えて、中型の氷惑星が残ります(3)。

この標準モデルは、太陽系の惑星の並び、つまり太陽に近い方から地球型惑星（水星、金星、地球、火星）、巨大ガス惑星（木星、土星）、中型氷惑星（天王星、海王星）と並んでいることを見事に説明し、

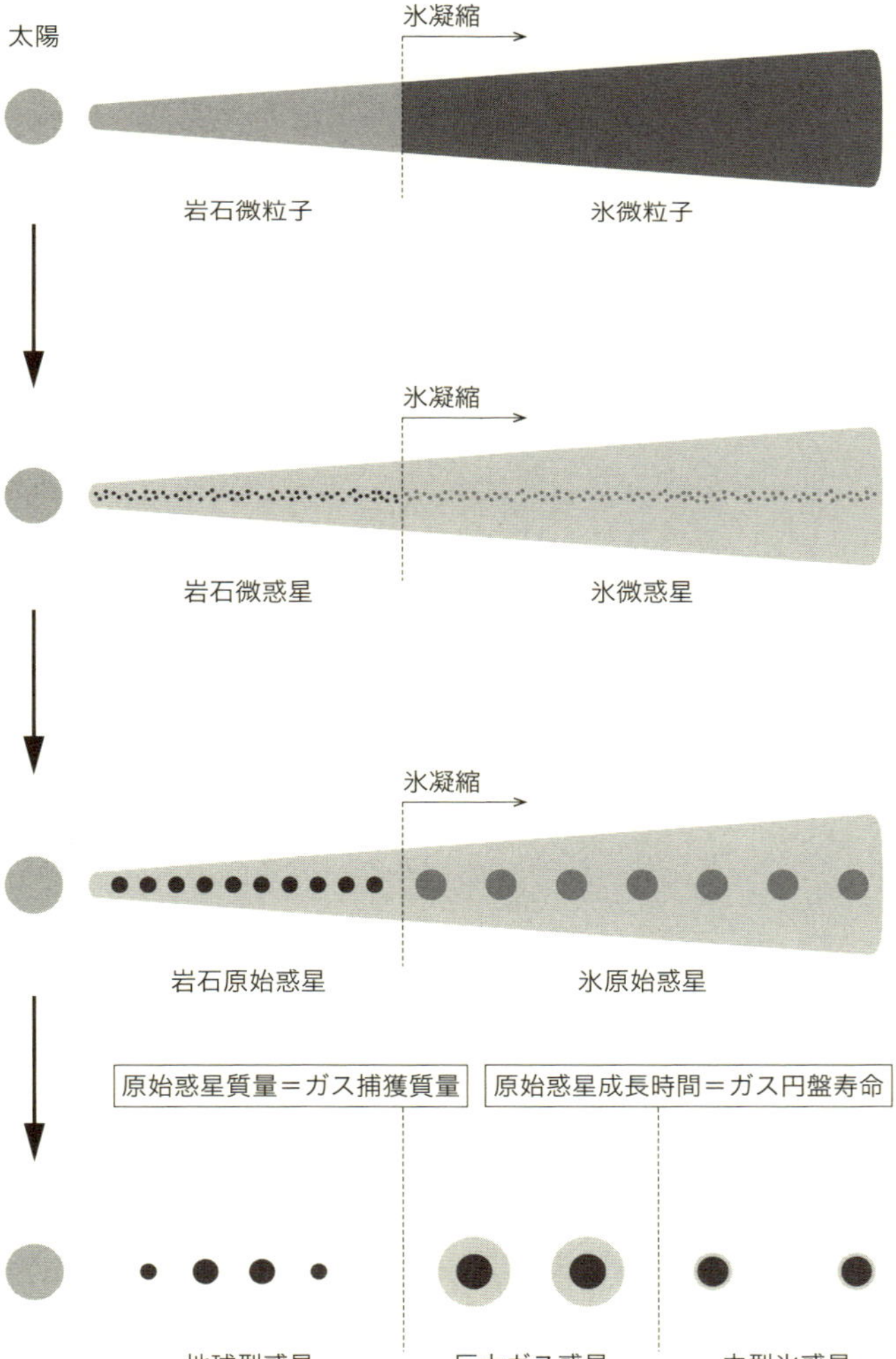

太陽系形成の古典的な標準モデルの模式図（http://www.rikanenpyo.jp/top/tokusyuu/toku2/ をもとに作成）

標準モデルは揺るぎないように思われていました。

標準モデルに従えば、どこにでも太陽系と同じような惑星系が存在しそうです。しかし、一九八〇〜九〇年代の観測では、少なくとも木星サイズ以上の惑星は、どんなに探しても見つからなかったのです。これらの観測結果を受けて、「地球型惑星は作られても、木星のような巨大ガス惑星はなかなか作られないのではないか」「いや、惑星は形成されても、円盤ガスの影響で軌道にブレーキがかかるので、螺旋を描きながら、だんだんと中心星に近づいて、最終的に飲み込まれてしまうのではないか」という声が出はじめました。太陽系や地球は、奇跡的に形成されて、うまく生き残った特別な存在ではないかという考えです。

また、当時、発見されはじめていた円盤は、巨大で濃密な円盤ばかりで、標準モデルで想定したガス円盤とは少し違っていました。あとから見れば、はじめのうちは観測精度がよくなかったので、そのような巨大で濃密な円盤が発見されやすかったというバイアスがかかっていたのでした。しかし、そのような円盤の発見によって、そもそも標準モデルが出発点から間違えているのではないかという声も強くなっていきました。

このように、系外惑星探し、惑星形成モデルは一九九〇年前後から大きな転機を迎えることになりました。時を同じくして、筆者は一九八九年に太陽系の惑星の集積についての研究で博士を取得したあとに一九九〇年に東京大学の助手、一九九三年に東工大の助教授になり、一九九五〜九七年にアメリカに渡ったのでした。筆者も研究者として、環境が次々と変わり、大きな転機を迎えていました。

3-2 系外惑星発見による太陽系中心主義の終焉

ホット・ジュピターの発見

一九九五年秋に、スイスの天文学者ミシェル・マイヨールとその学生だったディディエ・ケローはペガスス座51番星のまわりに木星の半分の質量の「惑星」が周期四日ほどで回っているのを発見したと発表をしました。惑星は中心星に近いほど速く回るのですが、この惑星の軌道半径は木星の一〇〇分の一にすぎず、太陽系で一番内側を回っている水星と比べても、七分の一です。標準モデルでは、巨大ガス惑星は氷が凝縮するような、中心星からはるか離れた低温領域でできるはずでした。

あまりに非常識な「惑星」なので、当然、何かの間違いではないかと、多くの批判が出ましたが、木星ほどの重さの何かが回っているのはたしかだと、あっさりと決着がつきました。なぜなら、他の天文学者でも検証がすぐにできたからです。周期四日という速い公転をしていたので、視線方向の速度は秒速五五メートルにも達していました。一九八〇年代には秒速一五メートル程度のドップラー効果は捉えられるようになっていたので、検出には十分です。さらに、たった四日間観測すれば、それが規則的に変動することもわかるのです。一〇年も観測する必要はもはやなかったのです。

なぜ、そんな簡単なものを、それまで見つけることができなかったのでしょうか？　それは、太陽系のような惑星系を想像して、巨大ガス惑星は中心から離れた場所を一〇年以上という長い周期でゆっくりと公転すると思い込んでいたからです。

天文観測では、ノイズにまみれたデータから意味あるシグナルを取り出さなければなりません。そこに人間による選別が入ります。太陽系が形作られる様を見事に説明する標準モデルという理論もありましたし、太陽系しか知らなかったので、太陽系の姿を基礎にして考えざるを得ませんでした。ばらつきがある可能性を考えても、周期一〇年を基準にして、せいぜい一〜一〇〇年周期というシグナルを取り出そうと考えるのは自然なことです。太陽系で公転周期が一番小さい水星の三カ月周期よりはるかに短い周期まで考えるというのは、なかなか思いつきません。そのような状況で、四日で変動するデータはノイズと判断して取り除くというのは普通の考えだったのです。

ペガスス座51番星の惑星の発見によって、天文学者たちはあわてて新規の観測を始めるとともに、過去に取得してあったデータの洗い直しを始めました。一週間程度以内の短周期の軌道にある巨大ガス惑星は「ホット・ジュピター」と呼ばれていますが（中心星に近いので高温になっていること、またホット・ニュースだったことから）、そのような惑星はとても検出しやすく、望遠鏡を向けるはしから、次々と発見されていきました。あまりに多数の惑星が存在するのに対して、先行する観測チームは小規模で少数だったので、あとから参入した人たちも、どんどん新惑星を発見しました。それはあたかも、一九世紀にカリフォルニアをはじめとした世界各地で起こったゴールドラッシュのようでした。

一九九五年からしばらくの間は、筆者が滞在していたカリフォルニア大学のリック天文台を拠点とするジェフ・マーシー率いるチームが系外惑星の発見レースを席巻し、次々と驚くべき惑星を発見して、一躍ヒーローになりました。[4] 筆者の専門は理論で観測ではありませんが、それでもゴールドラッシュの奔流に投げ込まれた格好になりました。

1‐3章で述べた、ヒッグス粒子や重力波は何十年間も発見が期待されていて、多くの人の努力で検出精度を上げていって、やっと見つかったという状況だったのですが、ホット・ジュピターの場合は、誰ひとりとして予想していなかったところに突然発見されたためにその衝撃はすさまじく、さらに困難なく検出できたので、系外惑星という学問分野が急速に立ち上がっていきました。最初の発見から七年後の二〇〇二年には、系外惑星の発見数は一〇〇個を超え、二〇一〇年には五〇〇個、二〇一一年には二〇〇〇個を超えたのです。

多様な惑星の発見による太陽系中心主義の崩壊

太陽系の先入観を取り払ったことで、「エキセントリック・ジュピター」と呼ばれる惑星も次々と発見されました。太陽系では、木星、土星、天王星、海王星といった巨大な惑星はほぼ同じ平面上のほぼ円軌道を保って公転しています。地球や金星の軌道も微妙に偏心しているだけです。中心星のまわりを円軌道で回る原始惑星系円盤の中で物質が集まってできたのが惑星なので、惑星も円運動をするのは当然だと思われていました。ところが、系外惑星では、木星クラスの巨大な惑星が、太陽系でいえば小惑星や彗星に対応するような大きく歪んだ楕円軌道を回っているものが、多数発見されました。公転する間に中心星と惑星の距離が大きく変動し、惑星全体の中心星から受ける放射の強さが大きく変化するため、一公転の間の気候変動はすさまじいものになっているはずです。まさに奇妙で常軌を逸した（エキセントリックな）惑星です。
次々と発見される異形の惑星たちに天文学者たちは呆然としました。「他の惑星系も太陽系の姿と似ているはずだ」という意味での太陽系中心主義はがらがらと音をたてて崩れていきました。

新たな太陽系・地球中心主義？

一方で、「惑星系は普遍的な存在だが、それらの姿は太陽系からかけ離れているものばかりだ。太陽系は奇跡的な存在だ」という、新たな太陽系中心主義が、欧米の研究者の間で強く主張されるようになりました。発見されはじめたばかりの頃は目立つものが選択的に発見されて、それは全体の分布を反映していないことが多いというのは、天文学者ならみな知っているはずのことですが、どうもキリスト教文化のもとで育った研究者は、信仰心の有無にかかわらず、キリスト教文化の影響を受けて、太陽系や地球は特別な存在だと主張したくなる傾向があるようです。

学会発表や論文などの科学研究の報告では、基本は客観的な観測・実験・理論データ解析とその報告ですが、結果をまとめたあとに、発表者がその結果が意味することや感想を短く述べることがあります。それは、「議論（discussion）」または「考察（implication）」と呼ばれ、結果およびそのまとめの「結論（conclusion）」までとは明確に区別されます。結論までの部分は厳しい検証を受け、議論もそこそこチェックされますが、考察・感想の部分はかなり自由で、その部分で批判されることは、あまりに程度がひどくない限り、ありません。

系外惑星が発見されはじめた頃、国際会議に出席すると、データ解析までは日本人も欧米人も同じなのですが、その報告が終わったあとの「考察・感想」に踏み込むと、欧米の研究者と筆者を含めた日本人研究者で考えがまるで違いました。筆者は、データをそのまま考えて、太陽系と似た惑星の配置の惑星系があっても観測的にはまだ検出できないので、見つかっている惑星系が太陽系と異なる姿なのは当然であろうし、理論予測も併せたら、ある一定の割合で太陽系型の惑星系も存在するのではないかと述べたのですが、欧米の研究者の場合は講演者が次々と「われわれの太陽系は特殊で、奇跡的なものだ」と主張して、たいへん驚きました。そのときは筆者一人が正反対の主張をしたので、外国メディアはおもしろがって「ホット・ディベート！」などとタイトルをつけて記事にしてくれました。これは文化や歴史の違いを反映している象徴的な出来事だと強く感じました。

太陽系外からの飛来物体？

話が少しずれますが、二〇一八年に「太陽系の外から飛来した葉巻状の天体が加速をしつつ飛び去ったことが観測された。ハーバード大学の教授らは、これは高度な文明を持つ宇宙人が作った〝宇宙船〟だと主張している」という話が、ネットで話題になっただけではなく、日本のテレビの科学番組などでも取り上げられました。この天体（オウムアムアと呼ばれています）の形は観測できなかったのですが、周期的に明るさが一〇倍近く変動していたので、形が細長いものが自転をして太陽光の反射の仕方が変化したのではないかと想像されています。重力が効く重い天体は球状になりますが、軽い天体は不規則な形をしていることがよくあります。日本の探査機「はやぶさ」が到達した小惑星イトカワもひょうたんのような形をしていました。そのような形をしていると、重力以外にもいろいろな力が働くので、太陽のそばを通過したあとに加速したらしいと考えられています。

当該ハーバード大学の教授らは、その加速を観測した論文で、データをまとめて、おそらく天体の不規則な形のせいで太陽放射の影響が強く出て加速になったのではないかと結論しましたが、その後で洒落っ気からか、「これだけ細長い天体の成因がよくわからないので、恒星光を帆で受けて航行する他の文明の宇宙船の残骸の可能性もある」という〝感想〟を最後に付け加えました。(5)これまで述べてきたように、地球外生命はヒト型かどうかどころか、生命機能の仕組み自体も違っていて、それを私たちが生命と認識できるのかもわかりません。この教授らは惑星や小天体の専門家でも宇宙生物学の専門家でもなく、彼らの感想をまじめに取り合う専門家はいません。しかし、系外惑星では誰も予想しなかったホット・ジュピターが発見された経緯では、どちらかというと系外惑星探索を専門でやっていたわけではない研究者が、むしろ専門外だからこそ発見できたという経験を踏まえ、どんなに突飛な意見でも感想でも排除しないでおこうという雰囲気が学界に生まれていたので、この感想を論文に載せることは、ぎりぎり許されたのだろうと思われます。ですが、このような感想は日本人研究者であれば書くことはあり得ないと思われ、そこには、その教授らが育った西洋における宗教的な文化（超越者を求める文化）の影響があるのではないかと思います。ですが、一般の人からしたら、そんな事情はわかるはずもなく、ハーバード大学の教授が論文に書いたのだから信頼できるのではないかと話題になってしまったのだと思います。

ちなみに、その後の国際チームによる追解析により、オウムアムアの反射特性が小惑星に類似していること、非重力的な加速は小さいので彗星のようなガスの噴出で十分なことなどから、高度な文明の宇宙船などではなく、自然の天体であると結論づけられています[6]（本書の校正中に太陽系外から飛来した小天体がさらにもうひとつ発見されたとのニュースが流れました。そういう恒星間を漂う小天体はずいぶんたくさん存在していそうです）。

地球外生命論争とキリスト教

2－6章に書いたように、西洋社会では、地動説を巡って、天文学者とキリスト教会の間で激しい戦いがありましたが、ヨハネス・ケプラーの精密な観測により、地動説が決定的になりました。一八世紀になると、ドイツでは、哲学者のイマヌエル・カント、天文学者・音楽家のウィリアム・ハーシェル、惑星の並び方の法則（ボーデの法則）の提案で有名な天文学者ヨハン・エレルト・ボーデ、フランスの数学者・物理学者・天文学者のピエール＝シモン・ラプラスといった一流の学者たちが、太陽や太陽系内のほかの惑星や月の居住者の可能性についての議論を始めました[7]。カントは近代哲学の祖なのですが、有名な哲学の三批判書を著す数十年前に『天界の一般的自然史と理論』という天文学書を著しています。そこで提案されたカント、ラプラスの太陽系起源の星雲説は現在の惑星形成論の標準モデルにも通じるものです。

この多世界論は当時の最先端科学を基礎にしていたので、キリスト教会側も「神に選ばれた地球」と主張し続けられなくなり、「神は万能なので、ほかの場所にも等しく命を与える」という方便を考え出して折り合いをつけようとしましたが、「キリストは地球で生まれたのだから、やはり地球は特別な世界」という地球中心主義は譲れず、科学との折り合いはつきませんでした[7]。

ところが、一九世紀に入ると、分光観測と呼ばれる革新的な天文観測技術の登場によって、望遠鏡で観測するだけで、その天体の温度や大気組成がわかるようになりました。その結果、太陽や木星はガスの塊で、月には大気がなく、金星は熱すぎるということがわかりました。そして、最後に残った火星に関して、二〇世紀初めに天文学者たちによる、火星に運河が存在しているかもしれないという「火星運河論争」が起こり、やがて「運河」は単なる見誤りであることが明らかになり、再び、生命が宿る天体は地球だけだということになったのでした[7]。このような長い論争の歴史を踏まえた文化の中で育った欧米の研究者は、信仰心の有無にかかわらず、地球・太陽系を奇跡だと考える感覚を無意識に持ってしまうのは無理もないことなのかもしれません。

日本人はこのような、私たちの存在に関わるような根源的な論争を社会として経験してこなかったと思います。結果として、根源的な問いに関して日本人は一般に考えが浅い、無邪気すぎるともいえるかもしれませんが、別の言い方をすれば、バイアスがかからない客観的な見方ができるともいえると思います[8]。

異形の惑星はどうやって作られるのか

観測はさらに飛躍していくのですが、惑星形成の標準モデルは、その後どうなってしまったのでしょうか。

先に述べたように、筆者の専門は観測ではなく、理論計算で惑星の形成を考えることです。惑星形成の標準モデルでは、太陽系のような姿の惑星系が一般的に形成されるはずでした。ところが、これまで誰も考えたことがないような惑星が大量に発見されたのです。研究の現場はまさに、ちゃぶ台返しの状態になり、筆者を含む理論研究者たちが呆然としたことはいうまでもありません。ですが、そのちゃぶ台返しは、理論研究を一気に活気づけました。

繰り返し述べるように、科学は実証・証明ベースで進んでいきます。系外惑星の発見以前は、私たちが知っている惑星系は、太陽系というひとつの例しかありませんでした。理論モデルも、その太陽系の姿に知らず知らずのうちに引っ張られてしまい、いつのまにか狭いイメージに閉じ込められていました。こういう状況の中で、それまでの常識をはるかに超えた姿の惑星が次々と発見されたのです。皆が信頼していた標準モデルがこれだけ見事にひっくり返された状況には、混乱や戸惑いもありましたが、いつのまにかそれに縛られていた旧来の考え方からいきなり解放されたことは、むしろ爽快でした。

そして、ひっくり返されただけではなく、自分たちで一から作り直せるのです。標準モデルという骨組みもあったので、ある程度のツールは揃っており、何よりも系外惑星の豊富なデータという、大きなヒントがあるのです。これが楽しくないわけがありません。ペガスス座51番星の惑星が発見されてからしばらくの間は、天文学者たちは、毎日がお祭り騒ぎという感じでした。

ホット・ジュピターやエキセントリック・ジュピターのあまりに太陽系からかけ離れた姿から、ほかの惑星系は、太陽系とはまったく違った形成過程を経たのではないかという意見も出ました。太陽系も含めた惑星系の多様性を整合的に説明できなければ、それは単なる思いつきでしかないのですが、誰も想像もしなかったような惑星が実際に次々と発見されたので、どんなに突飛に見えるアイデアで

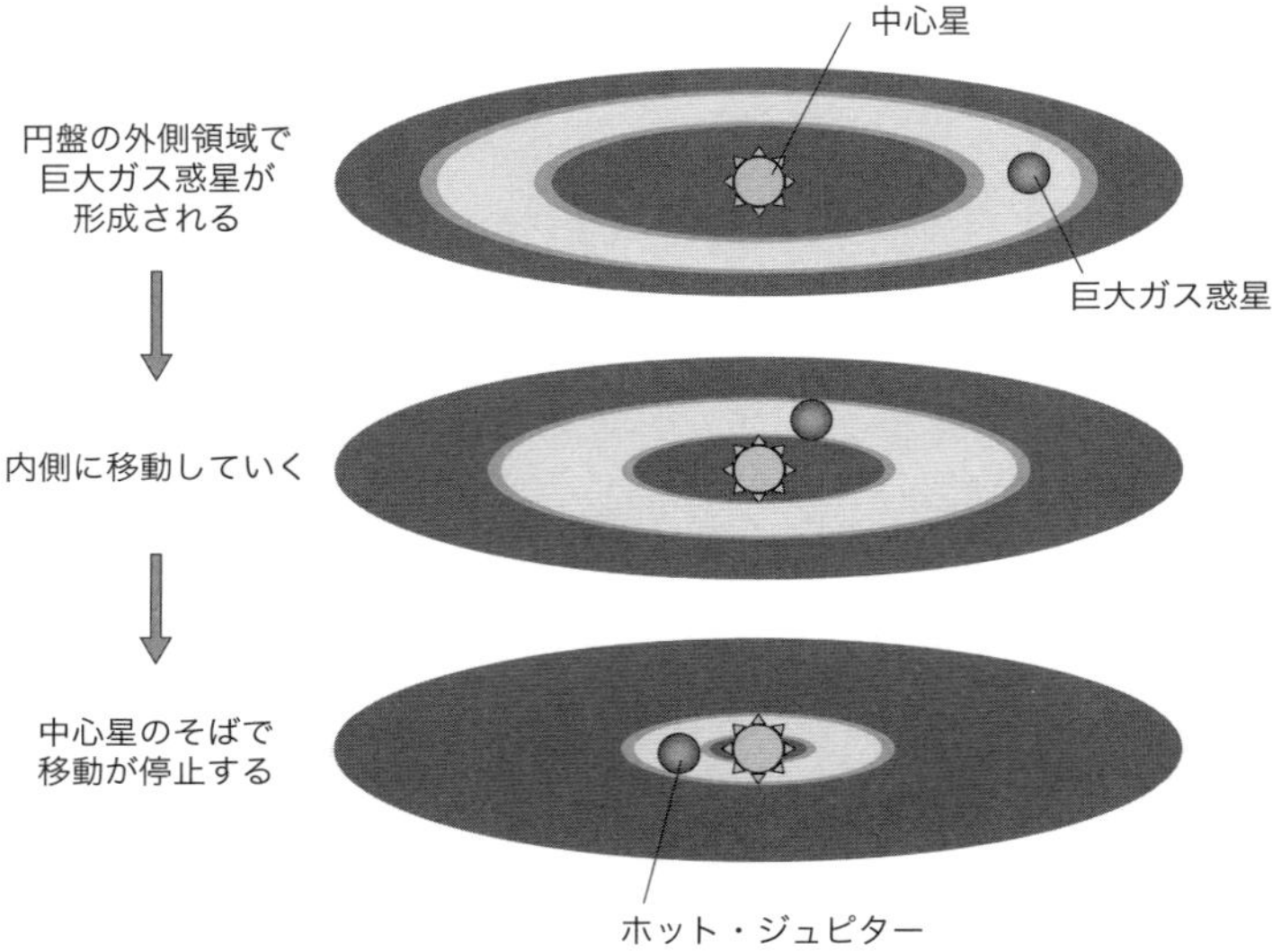
中心星
円盤の外側領域で
巨大ガス惑星が
形成される
巨大ガス惑星
内側に移動していく
中心星のそばで
移動が停止する
ホット・ジュピター

ホット・ジュピターの形成プロセス

も門前払いはしないで、いったんは議論してみるという雰囲気が生まれたのです。

すったもんだの末、現時点での多くの研究者の考えは、古典的標準モデルの、「円盤の中で固体の惑星が集積していって、十分な大きさになったものは円盤ガスを引きつけてガス惑星になる」という部分は生かしつつ、まったく新しい考えとして、「多くの場合に、惑星が形成された後または形成途上で軌道が変化する」という考えを導入しなければならない、ということで落ち着きました。

3-1章で、惑星は形成されても円盤ガスの影響で中心星に螺旋を描きながら飲み込まれてしまうと予想されるという考えがあったと述べました。これは、惑星系が作られても生き残らないのではないかという否定的な意見だったのですが、もし、惑星の軌道の移動が中心星のそばで停止したとすると、この考えで、ホット・ジュピターの形成を説明できることになります。理由は次のようなものです。

古典的標準モデルでは、巨大ガス惑星は材料物質が豊富にある円盤の外側領域で作られるとされていました。しかし、ホット・ジュピターは中心星のそばの領域に存在し、その場所にはホット・ジュピターが形成されるのに十分な材料物質はないはずなのです。そこで、材料物質が豊富な円盤外側領域で巨大ガス惑星が形成された後に惑星が円盤ガスとの相互作用で内側に移動していったとします。中心星の近傍では円盤が途切れている可能性などがあり、移動がそこで停止したとしても不思議ではありません。惑星の軌道が内側に動いていってしまうというアイデアは、他の恒星で惑星が存在していないことを示唆するものだったはずなのですが、逆転の発想で、逆に奇妙な惑星の存在を説明する説として甦ったわけです。

その後もホット・ジュピターは発見されていったのですが、観測精度が上がると、巨大ガス惑星は中心星から離れた場所で発見されることがどんどん増えていきました。二〇一九年までのデータをまとめると、太陽と同じような恒星（太陽型星）の一〇％以上は、中心星から離れた軌道の巨大ガス惑星を携えているのに対して、ホット・ジュピターの存在確率は一％程度にしかすぎないということが判明しました。ホット・ジュピターは系外惑星発見ラッシュが始まった当初には目立っていたのですが、実は少数派だったのです。日常社会でも同じかもしれませんが、目立つものに振り回されすぎないように、気をつけなければならないということです。

このデータをもとにすると、すべての巨大ガス惑星が内側に移動するのではなく、ある条件が満たされたときにのみ、移動していってホット・ジュピターになるようです。その条件はまだ解明されていません。

エキセントリック・ジュピターはどうでしょうか。ここでも、かつて太陽系の未来を脅かす可能性として議論されたけれども否定されたアイデアが、エキセントリック・ジュピターの形成モデルとして復活しました。

万有引力の法則に従って、すべての物体は重力で引き合います。惑星は基本的に太陽のまわりを回り続けるのですが、惑星同士の引き合いの影響で軌道が少しずつずれていけば、太陽系はいずれ崩壊するのではないか。地球もどこかに飛ばされてしまって人類が住めなくなるのではないか。そういう議論がかつてはありました。しかし、コンピュータ・シミュレーションが発達してくると、太陽系は少なくとも太陽の寿命である一〇〇億年くらいの間なら十分に安定に存在し続けるということが証明されたため、太陽系の安定性の議論はそれでいったん落ち着きました。

他の惑星の運動に大きな影響を与えるのは巨大ガス惑星です。太陽系では木星と土星という二つの巨大ガス惑星があるのですが、木星が土星に与える影響も土星が木星に与える影響も、軌道の周期的な小さな変動だけです。ところが惑星系の姿には大きな多様性があることがわかりました。巨大ガス惑星が中心星から離れた場所に円軌道で形成されるにしても、その数が必ず二個である保証はありません。太陽系を産んだ円盤よりも材料物質が多い円盤からなら、巨大ガス惑星が三個以上できてもおかしくありません。巨大ガス惑星が三個以上になると、お互いの重力による巨大ガス惑星の軌道変化は単純な周期変動にならず、その変化が積み重なって軌道が楕円に歪んでいき、お互いに近づいて跳ね飛ばし合いが起こるのです。

コンピュータ・シミュレーションによると、大概の場合は、一つの惑星が惑星系外に飛び出し、あとの二つの惑星は、内側と外側に大きく分かれ、それは再び軌道が交わることはなく、安定な状態になります。ただし、二つとも楕円に歪んだ軌道で残るのです。ドップラー法では内側に飛ばされた惑星しか観測できないのですが、これが現在考えられているエキセントリック・ジュピターの形成モデルです。このモデルが正しければ、巨大ガス惑星が二個以下の惑星系と三個以上の惑星系で運命が大きく分かれることになります。

このように、多様な惑星の姿を考えるために、それまでの標準モデルを取り払って自由に考えてみたのですが、実は標準モデルの基本的枠組みには沿うかたちで、それまでに見逃していた可能性に着目することが非常に重要だということがわかったのです。

惑星の影を見る

観測の進展はまだまだ続きます。

ホット・ジュピターが多数発見されたことで、忘れ去られていた観測法が注目されるようになりました。それは非常に単純な観測法で、惑星による中心星の食を観測するという方法です。惑星の軌道面が、たまたま私たちの視線方向とほぼ一致する場合、惑星が前に回ってきたときに、惑星が恒星の一部を隠す「食」が起きます。食が起こっている間に一時的に中心星からの光が弱くなるので、恒星の明るさを継続的に観測すれば惑星が検出できるのです。これはトランジット法と呼ばれています。

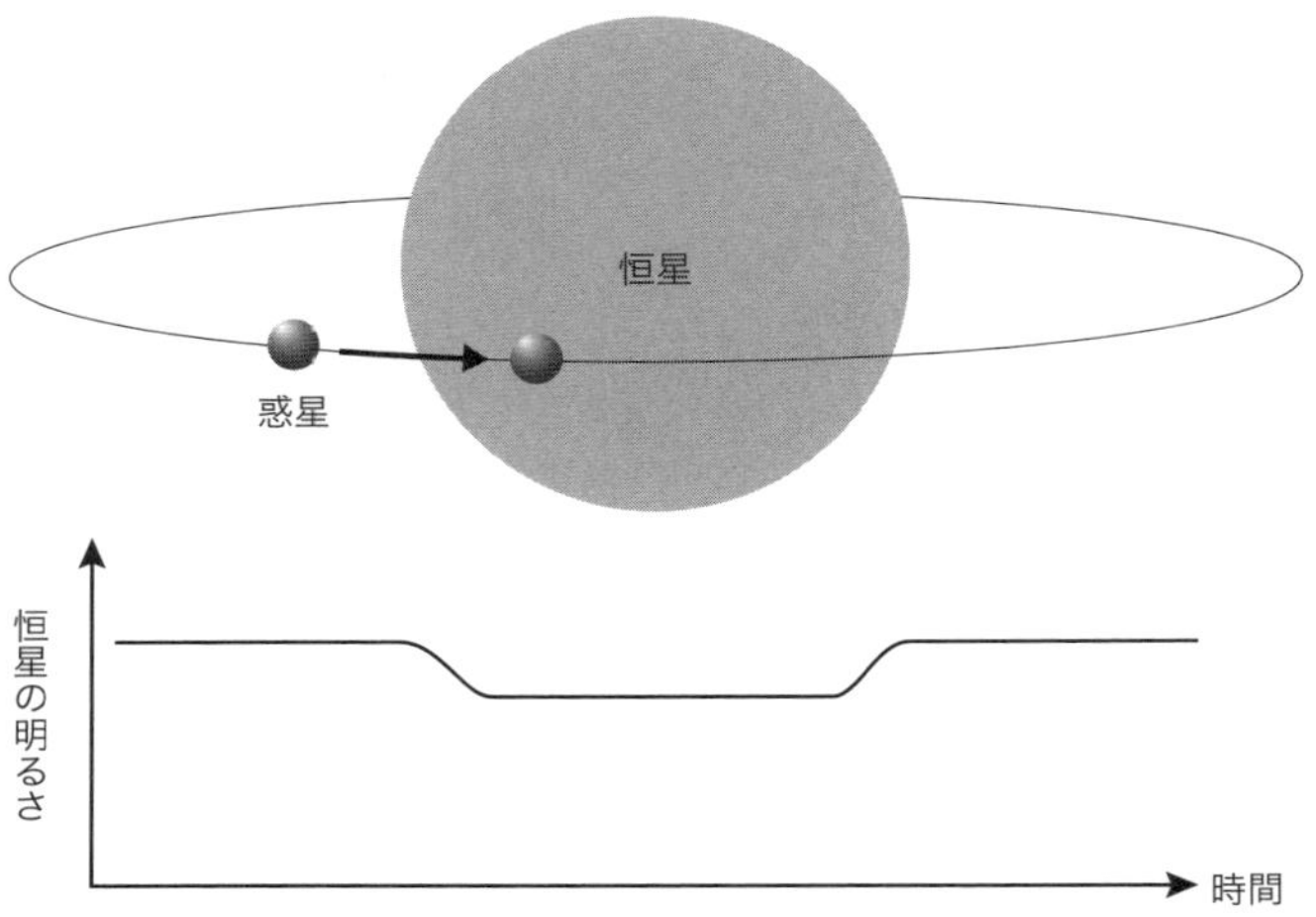

トランジット法では、惑星が恒星の前を横切ったときの明るさの変化を観測することで、系外惑星を発見する

なぜ忘れ去られていたかというと、その確率の低さから非現実的だと考えられたからです。惑星軌道面はランダムな方向を向いています。その場合、軌道面が、食を起こすほど地球から見た視線方向と揃っている確率は非常に小さく、木星と同じ軌道半径の惑星があったとして、食を起こすのは千個に一個の確率になり、さらに、食が実際に起こるのは一二年に一回です。

一方、ドップラー法ならば、検出限界内にあればすべて観測できます。観測が一周期分に足りなくて軌道を確定できなくても、視線速度の変化があるので、惑星の存在の有無はわかります。ところが、トランジット法の場合は、その千載一遇のチャンスをものにできなければ、仮に惑星が存在していたとしても、惑星存在の兆候すら得られないのです。すべての惑星系に木星と同じような惑星が仮に存在していたとしても、千個の恒星を一二年の間、見張り続けていて、やっと一回の食が観測できるかどうかという見積もりになります。さらには、他の惑星系に木星と同じような惑星が存在する保証は何もなかったのです。このように確率を見積もってみると、トランジット法は原理的には可能だけれど、現実的には意味がない方法として捨てられたのは当然のことだと思います。

ところが、ホット・ジュピターは木星の軌道半径の一〇〇分の一しかなく、その場合、食を起こす確率は一〇個に一個にはね上がります。そして、一二年ごとではなく、数日〜一週間という頻度で食が起きます。ホット・ジュピターなどというものが存在するとは考えていなかったので、トランジット法は忘れ去られていたのですが、ホット・ジュピターはドップラー法でどんどん発見されていきました。食の検出をやってみる価値が出てきたのです。

しかし、そのことに、皆すぐには気づきませんでした。そんななか、一九九九年、当時ハーバード大学の大学院生だったデイヴィッド・シャルボノーはHD２０９４５８という恒星のまわりのホット・ジュピターの食を検出したのです。一〇個に一つという確率通り、七〜八番目に発見されたホット・ジュピターでした。シャルボノーはこの発見もあって、ハーバード大学の教授に採用されました。

彼に限らず、系外惑星のゴールドラッシュでは、次々と大学院生や若手研究者が大発見を成功し、それとともに一流大学の教授職も獲得していったのです。日本でもいわゆるポスドク問題が指摘されていますが、現在、基礎科学分野では研究に打ち込める安定した身分を得ることは世界的に難しくなっています。研究者にとって、世間的な評判や社会的地位はどうでもいいことですが、一流大学の教授職は一般的に授業の負担が少なくて研究に打ち込める時間が多いので、憧れの的になります。系外惑星の発見は、そういう意味でもまさに金鉱を掘り当てるという感じだったのです。

このゴールドラッシュの様相を示した系外惑星研究は、宇宙論の観測チームも巻き込みました。ポーランドのOGLEという観測チームは、一般相対性理論から導かれる重力レンズ効果を利用して、ダークマター探しをしていました。ダークマターの正体がブラックホールなどの光を発しない天体である可能性を探っていたのです。一般相対性理論によると、天体の周辺では空間が歪むので、光路も曲がります。ある天体が私たちから見て、背後にある恒星の前を通ると、背後の恒星の光が集約されてレンズのようになって増光します。これが「重力レンズ」です。この増光を捉えれば、ブラックホールの存在がわかるのです。こういうことは滅多に起きないので多数の恒星を見張っていて明るさが変化するものがないか調べるのです。このチームの観測結果は、ブラックホールなどの光らない天体は、銀河系のダークマターを説明するには、その存在数がずいぶん足りないというものだったのですが、副産物として、食を起こす惑星を偶然発見し、それを機にダークマター探索から惑星探索へと大きく舵を切ったのです。

さらにその後、中心星とそれを回る惑星の相次ぐ重力レンズ現象を発見することができるようになりました。一般相対性理論で直接に惑星を検出できるようになったのです。今ではこの方法で、巨大ガス惑星だけではなくスーパーアースも発見できるようになっています。一般相対性理論は極めて重力が強い天体の場合にその効果が現れるのですが、地球より若干重たい程度のスーパーアースのまわりの空間の微妙な歪みによる重力レンズ現象ですら検出できるようになったとは、驚くべきことです。

3-3 ハビタブル惑星の発見

地球型惑星は遍在する

このように系外惑星の観測は方法も増え、同時に観測精度も急速に向上していきました。一九九五年当時、ドップラー法では木星クラスの巨大ガス惑星を発見するのが精一杯でした。天文学者たちは「木星クラスの惑星は発見できたけれど、地球のサイズ程度の小さな惑星は今の方法では原理的に発見できない。仮にできても一〇〇年後ぐらいではないか」と語っていました。地球質量の惑星が中心星をふらつかせる速度は木星質量のものの一〇〇分の一程度なので、たしかに困難に思えました。

しかし、観測精度はあれよあれよという間に向上していきました。特に画期的な技術革新があったわけではなかったのですが、丹念に観測装置を精密化していったのです。たとえば、データを伝えるケーブルを光ファイバーに変えて雑音を減らしたり、受信機の温度変化をコントロールしたりといったことで、工業分野では普通に行われていることです。

再三述べてきたように、半世紀の間、成果を挙げられなかった系外惑星探査は衰退の一途をたどっていました。それがゴールドラッシュにより、意欲に溢れた若手研究者がなだれ込み、予算も投入されるようになったため、装置精度も上がっていったのです。一〇〇年どころか、一〇年後の二〇〇五年には、地球質量の数倍の惑星（スーパーアース）が検出されるようになりました。人類初の系外惑星発見を達成したスイス・グループとそれに対抗したカリフォルニア・グループの惑星発見レースのデッドヒート[4]も功を奏したのかもしれませんが、大御所もほとんど存在しない中、意欲的な多数の若手が自由に研究ができたことが好循環を生んだのだと思います。

そして、二〇一〇年にはＮＡＳＡのケプラー宇宙望遠鏡が一挙に一〇〇〇個以上の惑星候補を発見したという衝撃の観測結果の発表がありました。ケプラー宇宙望遠鏡は二〇〇九年に打ち上げられた有効口径一メートルの比較的小型の望遠鏡です。地球のあとを追いかけるように一緒に太陽のまわりを回りながら、トランジット法で惑星探しをしました。地球の断面積は太陽の一万分の一しかなく、食による減光は小さいですが、大気のゆらぎがない宇宙空間で観測すると、それすらも検出できるのです。ケプラー宇宙望遠鏡は通常観測を停止するまでの四年間になんと二三〇〇個の惑星と二四〇〇個の惑星候補を発見しました。

その結果わかったことは、地球くらいの小さい惑星は巨大ガス惑星よりもはるかに高い確率で存在するということでした。ドップラー法の結果もあわせて推定すると、銀河系の太陽型星のおよそ半分には地球サイズの数倍以内の小さな惑星（スーパーアース）が回っているという驚きの結果です。

トランジット法では惑星サイズがわかり、ドップラー法では惑星質量がわかるので、二つの方法で同じ惑星を観測すると密度がわかります。そうすると、惑星が主に密度の高い岩石でできているのか、密度の低いガスなのか、その中間の氷なのかがわかります。スーパーアースの中でもサイズが小さいものは密度が高く、岩石を主成分にした惑星だということが確実になりました。

異形のガス惑星の発見はもちろん興奮に満ちたものでしたが、岩石を主成分とする地球型惑星が遍在しているという事実は、そこに生命が存在しているのではないかという想像を膨らませるには十分なもので、新たな興奮を与えています。かといって、そこにいる生命を直接望遠鏡で観測することは極めて難しいです。そこで持ち出された概念が「ハビタブル・ゾーン」というものです。生命を直接観測するのではなく、天文観測で得られる、惑星の軌道や質量をその惑星に生命が存在している可能性の指標として考えようとするものです。

ハビタブル・ゾーン——系外惑星での海の存在可能性の目安

2-3章では、生命の起源の有力な説として、液体の水の中での有機物の化学反応という化学進化説を紹介しました。

液体の水で生まれた有機物でできた生命を考えるならば、まずは液体の水の存在の可能性を検討しなければなりません。惑星表面に液体の水（海）が存在できるかどうかは、大気の圧力や温暖化ガスの量などにもよりますが、中心星の明るさと中心星からの距離でだいたい決まります。中心星に近すぎれば水は蒸発してしまい、遠すぎれば凍ってしまいます。このように考えると、惑星表面に液体の水が存在できる惑星の軌道半径の範囲がおおまかに推定でき、それを「ハビタブル・ゾーン」と呼んでいます。

もう少し説明しておきましょう。水が凍らないためには、表面温度が摂氏〇℃以上であることが必要となります。蒸発の条件は気圧によってずいぶん変わり、一気圧では摂氏一〇〇℃で蒸発しますが、低圧ではもっと低温で蒸発します（高原や山ではお湯が早く沸くことを経験した人も多いかもしれません）。〇・〇六気圧以下だと、液体状態を飛び越えて、氷からいきなり水蒸気になります。ハビタブル・ゾーンを見積もるときは、可能性を切り捨てないために、比較的高圧の大気を想定してハビタブル・ゾーンの幅を広めに考えることが多いです。ハビタブル・ゾーンはあくまでも目安であって、その範囲に入っていたからといって、そこに液体の水が存在することを保証するものではありませんし、天体が、ハビタブル・ゾーンよりも中心星から離れていても、中心星光による加熱とは別の熱源が存在すれば、液体の水は存在できます。

このように目安でしかないのですが、ハビタブル・ゾーンに地球型惑星と思われる惑星が次から次へと発見されるようになり、これまでの観測データをもとにすると、太陽型星の一〇〜二〇％以上には、そのハビタブル・ゾーンに地球型惑星が存在すると推定されるようになりました。

二〇一六年には太陽の隣の恒星であるプロキシマ・ケンタウリのハビタブル・ゾーンに地球サイズの惑星が発見され、二〇一七年にはトラピスト－1と呼ばれる恒星のまわりに地球サイズの惑星が七つも発見され（セブン・シスターズ）、そのうち三つはハビタブル・ゾーンに入っているようです。生命が住んでいるかもしれない惑星が実際に見つかるようになってきたのです。天文学者たちが沸きたったのは当然のことだと思います。

海は本当に必要か？

液体の水の中での有機物の化学反応という化学進化説は、あくまでも地球ではそのようにして生命

探査機ホイヘンスが撮影したタイタンの海（NASA/JPL-Caltech/ASI）

が誕生したのではないかということで、それ以外の可能性を否定するものではありません。

たとえば、太陽系内のタイタンには、メタンの海で生まれた生命が住んでいるかもしれません。探査機カッシーニに搭載されたＥＳＡの探査機ホイヘンスは二〇〇五年に土星の衛星、タイタンの大気圏に突入しました。その際に発見されたのは、タイタンの表面にひろがる液体の海（または湖沼）でした。その場所は摂氏マイナス一八〇℃というような極低温なので、水ならば凍りついているはずで、その海は、常温ではガスになっているメタンかエタンが液体状態になっているのではないかと考えられています。このような場所でも、液体ならば、化学反応が進んでもおかしくはありません。ＳＦでは炭素の化合物である有機物ではなく、炭素と同じように（原子価が４で）多様な結合が可能なケイ素を中心とした化合物による生命が登場します。

ただ、メタンの海に暮らす生命や、ケイ素生命が存在する可能性はもちろんあるのですが、私たちはまだそういうものを見たことがありません。仮に私たちの目の前に、そのような生命がいたとしても、それを「生命」だと理解できるのか、はなはだ疑問です。まずは、地球の生命と同じように、液体の水で生まれた有機物でできた生命を探すことからスタートしたほうが良さそうに思えます。

２－５章、２－７章で述べた地球での生命の起源や進化に関する知識をもとにすると、別の惑星の生命が、たとえ液体の水で生まれた有機物でできた生命であっても、地球生命とは根本的に違う仕組みによる生命である可能性が高いと考えるべきだと思います。メタンの海の生命やケイ素生命とまではいかなくても、根本的に異なる仕組みによる生命を、どうやって探すのかということは難しい問題です。

ですが、液体の水で生まれた有機物でできた生命ならば、少なくとも地球には一系統の生命は存在していて、それらがどのような姿でどのような仕組みで生きているのかを、私たちは知っています。現実的な対応としては、まずは地球の生命を参考にした生命探しを計画し、どのような望遠鏡でどのような装置を使って何を観測するのかを検討して、実際に観測を始めてみるということになるでしょう。他の天体には、地球生命とは根本的に違う仕組みの生命が住んでいるはずだという考えも、もしかしたら私たちの単なる思い込みかもしれません。地球生命と似た系統のものが住んでいる可能性もまったく否定することはできません。やってみなければ、わからないのです。
また、高精度の観測をしてみれば、想定したものとは違ったものでも何か見えるかもしれません。科学はそうやって進んできました。期待した通りの結果が出たら、それはそれで悪くはないけれど、想像したものとまるで違うものが出てきたら大発見なのです。そういう大発見は、ある意味失敗ともいえ、何が出てくるかわからないままに予算を使うなんて、けしからんという意見はもっともです。しかし、何かとんでもないものが見える可能性もあるならば、やってみる価値はあるのではないでしょうか。無謀な観測と挑戦的な観測の線引きは難しいのです。

地球に似た惑星である必要はあるのか？

かつては生命が住む天体としては、なんとなく地球のような表層環境の惑星が想像されていました。海があって、陸があって、ほどほどの圧力の大気があり、プレートテクトニクスがあって陸には隆起地形があったり火山があったりという感じです。繰り返し述べてきたように、生命が実際に住んでいることを知っている天体は地球しかないので、それに引きずられるのは仕方のないことです。もちろん、過去のSFでは、でき得る限りの空想を広げて、異星人が住む異界の天体が考えられました。小説や映画としてドラマを描く以上、「異星人」というヒト型生命を考えないとおもしろくないだろうということはわかります。ですが、ヒト型生命が生きる表層環境ということになると、どうしても地球のイメージに束縛されてしまうのです。
多少のバリエーションを考えたとしても、地球の表層環境とその歴史こそが精巧に生命を作り、育む、唯一のものだと無意識に仮定してしまうと、地球の特徴に関する無数の条件が出てきてしまって、それに合致する惑星が存在する確率は限りなく小さくなってしまいます。生命を宿すことができる地球のような星は奇跡的な存在で、銀河系の中には無数の恒星がありますが、そんな惑星はほとんどないだろうという考えにつながってしまうのです。ですから、奇跡的にしか存在しない地球と寸分違わぬ惑星、「第二の地球」を探そうというフレーズがメディアなどでよく出てくるのではないかと想像されます。

でも、本当にそうなのか、冷静に考えてみる必要があります。

2－5章で、地球生命はあまりに複雑にできていて、奇跡が重なることでのみ生まれるのだという考えがあるけれど、複雑＝精巧とは限らないと述べました。必要に応じて増改築を繰り返して継ぎ足していった古い建物は無駄に複雑になっていて、それでも必要な目的を果たすようになっていることがあるわけで、生命も無目的な進化の結果で複雑になってしまっただけだという可能性もあるということです。

2－2章、2－3章で述べたように、地球もプレートテクトニクスや炭素循環など、非常に精巧な自己調節システムを備えているように見えます。奇跡的にそのような精巧なシステムを持っていたからこそ、地球では生命が生まれたのでしょうか。生命は地球環境とその変動に支配されてきました。逆に、地球環境は生物による影響を受けます。大気中の酸素はまさに光合成生物の廃棄物ですし、陸地の土壌も、岩石が風化して崩れた粗粒が生物の死骸などの有機物によって変質したものです。こういう中で生命が最適化してきたように、地球は精巧とも見えるけれど、実は無軌道に建て増しを続けた複雑な調節システムが自動的に構築されたという考えも成り立ち得るのではないでしょうか。

二〇一六年に発見されたプロキシマ・ケンタウリの惑星、二〇一七年に発見されたトラピスト－1の惑星を、メディアは「第二の地球発見」「地球に似た惑星発見」との見出しで大々的に報道しました。それまでも地球サイズより若干大きめの惑星がハビタブル・ゾーンで発見されるたびに、同じように報じられました。

ですが、太陽と同じような質量・明るさの恒星のまわりのハビタブル・ゾーンで、つまりは太陽と地球と同じような距離の軌道で、地球サイズの惑星を検出することは、ドップラー法でもトランジット法でも、現段階ではまだ難しい状況です。では報道された、これらの惑星は何なのかというと、太陽質量の一〇％程度の軽い質量で、一〇〇〇分の一程度の明るさしかない恒星を回っている惑星なのです。このような恒星は、赤色矮星とかM型星と呼ばれるタイプのもので、そのタイプでもとりわけ質量が小さく、暗いものなのです。このような恒星のハビタブル・ゾーンの惑星は、次に説明するように、「第二の地球」や「地球に似た惑星」と表現することは到底できない異界のはずです。

3-4 赤色矮星の惑星――異界の生命？

地球とはかけ離れた表層環境

赤色矮星は非常に暗いので、そこのハビタブル・ゾーンは、太陽系のハビタブル・ゾーンに比べて、距離が一桁も小さい、中心星に近い場所に位置します。中心星に軌道が近く、中心星自身の質量やサイズも小さいので、ドップラー法でもトランジット法でもハビタブル・ゾーンにある地球サイズの惑星が現時点でも観測可能なのです。銀河系を構成している恒星の七～八割は赤色矮星なので、数もたくさんあります。

そのような惑星が置かれている環境は、いろいろな点で、地球とは違ってきます。まず、中心星は、太陽のような可視光ではなく、赤外線を主に出しています。近い分、惑星から見た中心星のみかけの大きさは莫大なものになっていますが、その場合、月が地球にいつも表側の面を見せているように、これらの惑星の表面は、常に昼の場所と常に夜の場所に分かれているのです。これは、潮汐力と呼ばれる力の作用で、中心天体のみかけの大きさがある一定以上になるような軌道を回っている天体では、必ず起こる力学作用です。裏側には光（中心星光）が当たらないので、温度は低くなっており、このような惑星の気候は地球とはまったく違ったものになっているはずです。表側から運ばれた水蒸気が

そもそも適用できないかもしれません。平均気温で見積もったハビタブル・ゾーンの概念が
て温室効果もなくなってしまうかもしれません。
裏側で次々に凍結して、表側は砂漠になってしまうかもしれないし、裏側では温暖化ガスも凍りつい

また、赤色矮星は暗いのですが、それは惑星の温度を決める可視光や赤外線が弱いという意味で、紫外線やX線などは、太陽型星と同程度の強さをもっていることが知られています。ハビタブル・ゾーンが中心星に近い分、そこの惑星は地球が受ける一〇〇倍以上もの紫外線やX線を浴びています。紫外線やX線は大気を蒸発させたり、地球生命だったら、その遺伝子を破壊したりします。恒星表面での爆発現象のフレアも届いてしまうかもしれません。なんて過酷な環境なのかと驚くかもしれないのですが、それは表側の話で、中心星に対する惑星の向きが固定されているおかげで裏側への影響は少ないのです。また、赤色矮星は暗いので、原始惑星系円盤全体の温度が低く、円盤の大部分で氷が凝縮し、材料物質として大量にある氷を大量に取り込んで惑星が形成され、一〇〇〇キロメートル以上の深い海に覆われているかもしれません。

ある程度以上の水深になれば、紫外線やX線は届かないので、水中は表側でもさほど過酷ではないかもしれません。また、紫外線やX線が生命にとって本当に悪いことばかりなのかもわかりません。生命はその活動維持のためには何がしかの連続的なエネルギーの供給を必要とします。あとで述べるように、地球でも深海生物は地熱をエネルギー源にしていますし、放射性物質をエネルギー源にしている地下生物もいるようです。そもそも人類も含めた陸上生物は酸素という危険きわまりないガスを吸って呼吸しています。紫外線やX線をエネルギー源にできる生命もいるかもしれません。

意外に好適な環境？

このように、赤色矮星のハビタブル・ゾーンの惑星は、「第二の地球」「地球に似た惑星」と形容するのは、なかなか難しい代物です。しかし、液体の水は豊富に存在する可能性があり、エネルギーもさまざまなかたちで継続的に供給されています。これまで述べたように、過酷な場所だといっても、それは地球生命にとって過酷だということで、そんな場所に適応した生命もいるかもしれませんし、2－5章で述べたように、過酷な環境変動は、生命の進化を加速させる可能性もあります。赤色矮星のハビタブル・ゾーンの惑星は、生命にとって意外に快適な場所かもしれません。

また、赤色矮星は弱く光っていて、核融合燃料の水素の消費が遅いので、寿命が非常に長いことが知られています。太陽は一〇〇億年程度、主系列段階と呼ばれる水素核融合を続けますが、トラピスト－1の明るさは太陽の二〇〇〇分の一で、重さは一〇分の一程度なので、太陽の寿命の二〇〇倍、つまり一兆年以上は主系列段階が続くはずです。宇宙年齢は一三八億年といわれているので、それよりずっと長いわけです。これだけ長ければ、生命が十分に進化する時間もあるでしょうし、仮に誕生した生命が完全に絶滅しても、最初から生命の誕生をやり直す時間もあるかもしれません。ただし、赤色矮星では、水素核融合を開始して安定した主系列に入るまでに、非常に明るい時代を長く経験すると考えられていて、現在のハビタブル・ゾーンにある惑星は最初の数億年は超高温時代を経験している可能性が高く、表面の水はすべて蒸発して宇宙空間に散逸しているかもしれません。惑星が適温に落ち着いた後に水をどこからか獲得できるかが問題になるかもしれません。

生命が存在可能な条件を、地球にそっくりだという条件にせずに、液体の水の存在とエネルギーの供給くらいに捨象してしまうと、地球に似た惑星である必要はなくなります。もちろん、惑星系が太陽系に似ている必要もありません。今後十分に検討してみないとわからない部分もありますが、赤色矮星のハビタブル・ゾーンの惑星は生命存在可能な天体の有力候補です。

「太陽系中心主義」「地球中心主義」からの自然な解放

天文学者たちにとっては、実際に観測できるということが重要なので、現在、赤色矮星のハビタブル・ゾーンの惑星の観測に大きな注目が集まり、次々と観測プロジェクトが立ち上がっています。当然、地球外生命を探る観測も赤色矮星のハビタブル・ゾーンの惑星が当面のターゲットです。少し前までは、天文学者たちも、地球外生命探索に関しては地球をイメージさせる惑星を考えていたはずなのですが、観測可能という現実主義によって、自然と「太陽系中心主義」「地球中心主義」から離れてしまったのです。思想的転換を図るというような大それた意図はありませんでした。

さらに、こう考えてしまうと、生命が住んでいる場所はハビタブル・ゾーンの惑星である必要もなくなり、地下海をもつエンケラドスでもメタンの海をもつタイタンでもよくなります。地球の陸上生命は、太陽の光をエネルギー源にする光合成生物を動物が摂食し、それをまた別の動物が摂食するということで、人類も含めて、本質的に太陽光エネルギーを使って生命活動をしています。しかし、地球でも太陽光が届かない地下や深海に生命が満ち溢れていることがわかってきています。

こういった話は3－6、3－7章であらためて考えることにして、その前に、ここまでの話をもとにして、太陽系と地球について振り返ってみたいと思います。

3-5 そして太陽系と地球

太陽系型の惑星系の存在確率

すでに述べたように、太陽型星のうちの五〇%くらいは、地球サイズの惑星（アース）、もしくはその数倍のサイズのスーパーアースが複数個、中心星の近くを回っている惑星系を持っているようです。また、全体の一〇%くらいは、中心星から比較的離れた場所を巨大ガス惑星が回る惑星系で、そのうちの半分くらいは楕円軌道の巨大ガス惑星です。中心星近くのスーパーアースと遠くの巨大ガス惑星の両方がある惑星系はまだ少数しか発見されていませんが、観測の制限があるので、実際の確率はまだわかりません。また、木星質量くらいの惑星は中心星から比較的離れた軌道に集中しているわけではなく、いろいろな場所に分布し、中心星に近い軌道のもの（ホット・ジュピター）もあります。

このように系外惑星の分布はだいぶわかってきましたが、その中で太陽系はどのように位置づけられるのでしょうか？　太陽系と瓜二つの惑星系があったとして、それをドップラー法で観測すると、現状のレベルの精度や観測年数（一〇～二〇年程度）では木星がぎりぎり確認できるのみで、土星が存在する兆候がなんとかわかるという程度です。他の惑星はまず検出不可能です。非常に運がよければ、トランジット法で、ノイズだらけの地球や金星の食が検出できる可能性はゼロではありませんが。

太陽系には中心星近くのスーパーアースは存在しないので、現段階では太陽系のような姿をした惑星系がどれくらいの割合でこの銀河系に存在するのかというと、五〇％以下であることは確かですが、それが三〇％なのか、五％なのか、一％なのかというところは、まだわかりません。ただ、これまでの観測と理論を組み合わせると、地球くらいの軌道半径にアースやスーパーアース、外側に木星質量程度の巨大ガス惑星を両方持っている惑星系は、一〇％くらいはあってもいいのではないかと予想されます。

地球の姿

太陽型星のまわりのハビタブル・ゾーンに存在している地球サイズの岩石惑星は、まだそのものを確認することはできませんが、一〇～二〇％以上の確率で存在するだろうという予測はかなり信頼度が高いといっていいでしょう。観測できている、もう少し中心星に近い地球サイズの惑星や、もう少し大きいスーパーアースの分布を見て、それをなめらかに延長してみると、そういう予測になるのです。

天体としての質量、軌道とは他の要素も考えてみましょう。私たち人間が地球をイメージするときは、ヒトが陸上に住んでいるために、大気や海、陸地といった表層のイメージに縛られてしまいます。しかし、表層は地球全体から見たらごく一部で、地球全体を直接に反映したものにはなっていません。たとえば、地球表面には海があるので、地球は「水の星」などというイメージがありますが、全体で見たら、海の総質量は全体の一万分の二にしかすぎません。地球の表面の薄皮一枚が水だといっていいでしょう。マントルに染み込んでいる水を考慮しても一〇〇〇分の一がせいぜいだろうといわれています。つまり、地球はカラカラに乾いた天体なのです。ハビタブル・ゾーンとは、そこの惑星表面に水があれば液体状態を保てる条件を満たしているというだけで、実際に水をもっているかどうかは、観測しない限りわかりません。

地球がカラカラなのは不思議ではありません。3－1章で述べたように、惑星系は、恒星が形成されるときに一緒にできるガス円盤の中で形成されると考えられています。固体微粒子が円盤内で凝縮して、それが集まって、まずは固体惑星ができます。円盤では主成分の水素・ヘリウムはガスのまま円盤にとどまりますが、鉄や岩石成分（ケイ酸塩）、H_2O などは、マイクロメートル・サイズ以下の塵として凝縮して、それが惑星の材料となります。鉄・岩石成分は一一〇〇℃くらいで凝縮し、円盤ガスは超低圧なので、H_2O はマイナス一二〇℃くらいで氷として凝縮します。地球の重力では気体、つまり水蒸気を円盤から取り込むほどには強くなく、固体の氷でないと H_2O を獲得できません。マイナス一二〇℃などという場所は地球よりももっと太陽から離れた場所になるので、地球の材料物質に十分な量の H_2O が含まれなかったことは不思議ではないのです。問題はどうやって地球が少量の H_2O を獲得したのかということです。氷を含んだ小惑星が衝突したのではないかなどいろいろな説がありますが、実は、まだよくはわかっていないのです。

2－1章で述べたように、地球では鉄とニッケルの合金を主成分とした金属コアが中心にあって、そのまわりを、岩石成分を主成分としたマントルが取り囲み、その外側が地殻で、さらにその外に海や大陸が乗っています。円盤ガスは太陽と同じ成分で、それは銀河系に浮いているガス星雲ともほとんど同じです。なお、この成分は銀河系内の恒星でほとんど同じです。ビッグバンで水素とヘリウムが生まれ、恒星ができるとその内部で水素が核融合でヘリウムになり、そのヘリウムがさらに核融合して炭素、酸素、窒素などができて、大質量の恒星ではマグネシウムや鉄など、非常に重い元素までできます。それらの元素は、恒星の質量放出や超新星爆発などに伴って星間ガスにもどり、その星間ガスからまた恒星が生まれるという輪廻の中で、だんだんと原子数が大きい重たい元素が増えていきます。

銀河系内の恒星の成分はだいたい似ているので、地球のような金属コアと岩石マントルという構造は、ハビタブル・ゾーンにある惑星（巨大ガス惑星を除く）では、ほとんど同じになります。太陽系でも水星、金星、火星は似たような内部構造を持っています。ハビタブル・ゾーンから遠く離れた低温領域では氷も材料物質になるので、鉄・岩石のコアのまわりを氷マントルが取り巻くという構造になります。天王星や海王星はそういう構造です。

このように、地球全体の成分は一般的なものだと考えられるのですが、表層部分の構造や成分は、惑星によって大きく異なります。地球大気が窒素と酸素を主成分にしているのに対して、火星や金星の大気の主成分は二酸化炭素です。地球も、もともとは濃密な二酸化炭素大気を持っていたと考えられているのですが、地球ではプレートテクトニクスが働いて、２－３章でお話ししたウォーカー・サイクルによって二酸化炭素は大気中からほとんど取り除かれてしまったと考えられています。そのかわりに、光合成生物によって酸素が供給されました。地球の大気質量は惑星全体の一〇〇万分の一しかなく、超濃密な金星の大気でも一万分の一です。ちょっとした作用で大気の成分は変わってしまうのです。ちなみに太陽系の惑星では地球以外ではプレートテクトニクスは確認されていません。

このように地球型惑星とも呼ばれる小型の岩石惑星は非常に普遍的に存在し、全体の成分はだいたい同じだと考えられます。しかし、表層環境は大きな多様性があると考えられるのです。実際、系外のスーパーアースの観測からは、大気量や大気成分には大きな多様性があることが示唆されています。また、地球自身にしても、それを外から観測すると、表層環境しかわからないので、現在の地球、一〇億年前の地球、三〇億年前の地球では、まるで違った惑星に見えるはずです。三〇億年前の地球は陸地が少なく、濃密な二酸化炭素大気に覆われていて、一〇億年前の地球では陸地は増え、酸素も増えてきたものの、陸地には生命活動はなく土壌も存在しなかったはずです。

惑星の年齢によって異なる環境

この時間の問題は重要です。惑星系は中心星が作られたのとほぼ同時（といっても一〇〇〇万年くらいのずれはありますが）に作られたと思われるので、惑星の年齢は中心星の年齢で見積もることになります。ですが、安定に水素核融合を続けている主系列段階の恒星は同じような表面温度、同じような明るさで輝いているので、観測的に年齢を決定することはとても難しくなります。つまり、惑星の年齢が一〇億歳なのか、四五億歳なのか、九〇億歳なのかを見分けることは難しいのです。仮に地球と瓜二つの進化をたどった惑星があったとしても、濃密な二酸化炭素大気に覆われていたり、陸地には植物どころか土壌さえ存在しなかったり、さらには人類や生命が滅亡した未来の地球に対応する惑星など、「第二の地球」とはとても呼べないさまざまな姿の惑星に見えるはずです。「第二の地球」「地球に似た惑星」というイメージは、多様な惑星や惑星系のごく一部の惑星のうちで、さらにその寿命のうちのごく限られた時間帯のものという非常に制限されたものなのです。

太陽・地球の寿命

講演会で話をすると、地球はいつまで存在し続けられるのか、将来はどうなるのかと聞かれることがよくあります。この質問はいろいろな意味を含んでいるように思います。質問者は天体としての地球の寿命を聞いていることもありますが、人類が住める環境がいつまで続くのか、もしくは、仮に生命のほとんどが住めなくなるとしたらそれはいつ起こるのかを知りたいことのほうが多いようです。

天体としての地球については、答えはかなりよくわかっています。すでに述べたように、コンピュータ・シミュレーションによると、太陽系の惑星の軌道配置はとても安定で、太陽が変わらずに存在し続ければ、地球はいまとほとんど同じ軌道を回り続けると考えてよいでしょう。

では、太陽の寿命ですが、これには限りがあります。これまでも何度も恒星の進化の話が出てきていますが、ここで、太陽と同じくらいの質量の恒星の場合について、少し詳しく述べておきます。恒星の内部では超高圧超高密度になっているので、核融合が起こるのですが、この核融合過程は温度を一定に保つ効果を持っていて、一般的に暴発もせずに長い期間継続します。太陽の中心部では水素四個がヘリウム一個に融合されて、その核融合エネルギーで輝いています。この時代にある恒星を「主系列星」と呼び、太陽もここに属します。

しかし、水素がいかに多いといっても、太陽くらいの恒星の場合、誕生から一〇〇億年もたつと中心領域の水素が尽きてしまい、恒星全体の構造も変わります。できたヘリウムが酸素や炭素に安定的に融合されていけばまた落ち着くのですが、太陽くらいの恒星では、ヘリウムの核融合が暴走して、一〇〇〇倍以上も明るくなり、外層部が吹き飛ばされて質量が約半分になってしまいます。

このとき恒星は膨れ上がって、「赤色巨星」と呼ばれる状態になります。水星や金星は太陽に飲み込まれ、地球も飲み込まれるかもしれません。もしかしたら、地球は際どく生き残れるかもしれませんが、一〇〇〇倍以上も明るくなった太陽光の熱によってとんでもない高温になり、もちろん海は干上がります。つまり、今から六〇億年も経てば、地球はなくなってしまうか、生命は到底暮らせない、まるで違った天体になってしまうのです。

天体としての地球の寿命はこのように、はるか先の話なので、気にする必要はないことですが、人類が安住できる環境がいつまで続くのかとなると、それほど先の話ではない可能性もあります。

昔からいわれていた、人類自身が引き起こす核戦争や甚大な環境汚染、資源枯渇、人口爆発といった問題もありますし、最近話題のゲノム編集が行き着く先や、人工知能が人類の知能を超えるとする時点（シンギュラリティ）でも何が起こるのか、わかりません。ここでは、そういう社会的な問題ではなく、自然現象のことを考えてみます。

環境変動があっても、生命は代替わりしながら遺伝子を変化させて、変動に適応していくことができます。人類だとさらに知識の共有や科学技術によって、自然に起こる遺伝子の変化よりもずっと速やかな適応が可能なはずです。問題は、変動があまりに急激だったり、あまりに大きな変動だったりするときには、適応しきれないということだと思います。

２‐５章でお話ししたように、地質記録や化石記録によると、地球ではこれまでに何度も大量の生命が絶滅するイベントがあったことがわかっています。それらは小惑星の衝突や大規模火山噴火、全球凍結（スノーボールアース）などと結びついていると想像されています。全球凍結は全世界の海が凍りつくという、あまりに大きな変動です。小惑星衝突や大規模火山噴火はそこまでの変動ではありませんが、急に起こることなので、生命は対応しきれなかったのだと思います。

小惑星が衝突したところで、天体としての地球は痛くも痒くもありません。最大の小惑星のケレスでも地球質量の六〇〇〇分の一です。ほとんどの小惑星はそれよりもずっと小さな質量なので、地球が破壊されるようなことはありません。しかし、衝突によって引き起こされる超巨大な津波・地震、爆風、熱風、巻き上がる無数の岩石の破片は地球の表層環境を一変させるのです。

ある程度の大きさ以上の小惑星の場合、その小惑星の衝突は避けようがありません。地球はそもそも小惑星のような小さい天体（微惑星）が無数に衝突合体して形成されたと考えられているのです。惑星系形成時にあった微惑星はだんだんと減少してきていますが、ゼロにはなりません。小惑星帯やカイパーベルトには微惑星の生き残りである大量の小天体が残っていますし、彗星もまだたくさん残っています。これらは一定の割合で地球に衝突し続けているのです。隕石が落下したとか、火球と呼ばれる非常に明るい流星のニュースは、たまに聞くと思います。それらは小さなかけらの衝突で、流星のほとんどは大気の摩擦熱で燃え尽きてしまうようなものです。大きな衝突ほど確率は小さくなっていき、滅多に起きないのですが、ゼロではありません。確率で決まるだけなので、それは一〇年後のことかもしれません。大地震は必ず起きるもので、それが、明日にも起こるかもしれないということ同じです。

現在では夜空を望遠鏡で常に探索しているので、あまり小さな天体でなければ、衝突直前ではなく、数年前くらいには、予報は出せます。大地震の予知よりははるかに正確に予測できます。二〇〇四年に発見された直径三〇〇メートルの小惑星が、二〇二九年に地球に衝突する確率が数％と発表され、当時、一部で騒ぎになりました。地球の直径は一万二七〇〇キロメートルなので、三〇〇メートルくらいの天体の衝突は地球全体の表層環境への影響は少ないと思われますが、衝突地点付近は壊滅的な影響を受けることは確かです。その後の解析で二〇二九年の衝突はないだろうとなりましたが、こういうことはいつ起こるかわからないのです。地球全体の環境に影響を及ぼすような大きさの小惑星の衝突もないとは限りません。

他にも、2章で述べた地球自身に起因する気候変動や地震、火山活動などは複雑な要因で起こりますし、人類が持ったかだか一〇〇〇年くらいのデータからは予想ができないほどの超巨大地震、超大規模火山噴火が起こる確率もゼロではありません。

地球外の要因としては小惑星の衝突以外にも、まれに起こる太陽の超巨大フレアや太陽系外から強烈な宇宙線が降り注ぐ可能性もあります。

こういう話になってくると、「天空の科学」というよりは防災という「私につながる科学」の領域になってきます。ですが、ここで述べたような宇宙や地球が引き起こす自然災害では、人類にとって壊滅的な規模のものも起こりえますが、それがすぐに起こる確率はたいへん低いものです。それよりは人類自身が引き起こす危機のほうが、はるかに確率が高いものだと思います。

3－6 ハビタブル衛星
――エンケラドス、エウロパ、タイタン

ハビタブル・ゾーンにある巨大ガス惑星の衛星

二〇〇九年に公開されたハリウッド映画『アバター』では、アルファ・ケンタウリ（ケンタウリ座アルファ星）の惑星系の木星型惑星ポリフェマスの衛星、パンドラという仮想的な天体が舞台になっていました（ちなみに、この映画では、主人公の意識は別の人造の肉体に入り込むのですが、2－5章で触れたブレイン・ネットワーク・インターフェースの技術革新によって、こういったことが実現するのは時間の問題かもしれません）。

アルファ・ケンタウリは実在する恒星です。肉眼では一つの星に見えますが、実際はアルファ・ケンタウリA、Bという二つの太陽型恒星が、太陽と天王星くらい離れた平均距離の楕円軌道を七九年の周期で回り合っている連星系です。この連星から〇・二光年も離れたところにプロキシマ・ケンタウリと呼ばれる太陽の八分の一の質量の赤色矮星があり、アルファ・ケンタウリ連星のまわりを五〇万年以上もかけて回っていて、三重連星になっています。太陽からの距離はアルファ・ケンタウリ連星が四・四光年、プロキシマ・ケンタウリが四・二光年で、この三重連星系は太陽の隣の恒星たちになります。

『アバター』で想像したのは、おそらく、A、Bのどちらかの恒星のハビタブル・ゾーンにある、木星のような巨大ガス惑星のまわりを回る衛星だと思われます。これまでにドップラー法で発見された太陽型星の巨大ガス惑星のかなりの割合のものがハビタブル・ゾーンを回っています。そのような巨大ガス惑星のまわりに岩石でできた衛星が回っていれば、衛星は表面に海を湛え、そこに生命も存在しているかもしれません。

太陽に一番近い恒星のプロキシマ・ケンタウリのハビタブル・ゾーンには地球サイズの惑星が発見されています。アルファ・ケンタウリA、Bにはまだ惑星は確認されていませんが、連星系であっても、系外惑星はすでに多数発見されています。連星をなす各々の恒星を回る惑星も、連星の外側を連星の重心を中心に回る惑星も発見されているので、アルファ・ケンタウリA、Bにも惑星があるのではないかと期待され、探索が続いています。アルファ・ケンタウリA、Bのハビタブル・ゾーンに巨大ガス惑星があれば、現在の観測精度なら十分に発見されているはずですが、未だに検出されていないので、『アバター』で考えられたような巨大ガス惑星の衛星は実在しそうにありません。

系外惑星の衛星は比較的大きなものならば、トランジット法で検出可能です。ホット・ジュピターの衛星は中心星の重力の影響で軌道が不安定になってしまうので、比較的軌道半径が大きい惑星を観測しないといけません。そのような惑星が食を起こす確率は低くなってしまうので、現状ではまだ確実な発見はありません。しかし、巨大ガス惑星のまわりでは普遍的に衛星が形成されるのではないかと考えられているので、ハビタブル・ゾーンを回る系外巨大ガス惑星の衛星の確実な発見も間近かもしれません。

映画『アバター』では、衛星パンドラには、ヒトの形をして、人類と濃密なコミュニケーションがとれる生命が住んでいることになっているので、そこの世界は、地球の表層環境、特に現代文明に住む人類が憧れるような環境に設定されています。しかしながら、ハビタブル・ゾーンにあっても巨大ガス惑星の衛星の表層環境は地球とはまるで違うはずです。

実例として、木星や土星の衛星を見てみましょう。木星や土星は太陽系の外側に存在しているので、衛星の大半は氷に覆われているのに対して、ハビタブル・ゾーンの巨大ガス惑星の衛星は岩石を主成分とすると思われるので、その点は異なりますが、ハビタブル・ゾーンを回る系外巨大ガス惑星の衛星と共通すると考えられる性質もたくさんあります。たとえば、強い潮汐や惑星磁場は共通しているはずです。

木星や土星のまわりには多数の衛星が発見されています。中には土星の大型衛星のタイタンのように大気を持つものもあります。木星には四つの大型衛星があり、内側から順に、イオ、エウロパ、ガニメデ、カリストです。ガニメデとカリストは惑星の水星に匹敵するサイズがあります。一七世紀にガリレオ・ガリレイが自作の望遠鏡で発見したことから、「ガリレオ衛星」とも呼ばれています。木星にはその他に七〇個を超える衛星が確認されていますが、ガリレオ衛星と比べると、質量は数千分の一以下の小さなものばかりです。

衛星から眺める木星は巨大です。ガリレオ衛星は木星の半径の五・九〜二六・三倍の距離の近い軌道にあります。土星の場合は、ガリレオ衛星に匹敵する大型衛星はタイタンのみで、土星半径の二〇・三倍の場所にあります。地球は太陽の半径の二一六倍のところにあるので、これらの衛星から眺める母惑星のみかけの面積は地球から眺める太陽の七〇～一三四〇倍にもなります。

これだけ衛星が母惑星に近いと、惑星の磁場や潮汐力の影響は莫大なものになります。衛星には強力な惑星磁場が突き刺さっていて、電離した高速粒子が磁場に沿って衛星に襲いかかります。その際に発生するオーロラは強烈で、地球から望遠鏡で観測できるほどです。潮汐力も強力で、すべてのガリレオ衛星はもちろんのこと、タイタンも他の小さな衛星もみな、いつも同じ面を母惑星に向けるようになっています。月がいつも地球に同じ面を見せているのと同じ理由です。これらだけでも、地球とはずいぶん違う世界だと想像されますが、潮汐力には他にも加熱という要素があります。

潮汐加熱による木星や土星の衛星での内部海

ガリレオ衛星はお互いの重力で軌道を乱し合っているのですが、木星の潮汐力はそれを円軌道に戻そうとして衛星を絶えず変形させるので、衛星内部で定常的に摩擦熱が出るのです。木星はハビタブル・ゾーンのはるか外側にあって、木星のまわりを回っているガリレオ衛星が太陽から受ける放射は非常に弱いのですが、この潮汐加熱によって、かなり熱せられています。木星に一番近いイオでは、ことさら潮汐変形が強く、太陽系の天体の中でももっとも激しい火山活動が続いていて、溶岩や硫黄を数百キロメートルもの高さにまで噴き上げています。氷成分はすべて蒸発してしまっていて、イオはガリレオ衛星では唯一、岩石の衛星になっています。

潮汐変形は母惑星から離れると急速に弱くなります。木星に二番目に近いエウロパ、三番目に近いガニメデでは、イオほど加熱が強くないので、氷成分が残っていて、圧力が高い内部は液体の「海」

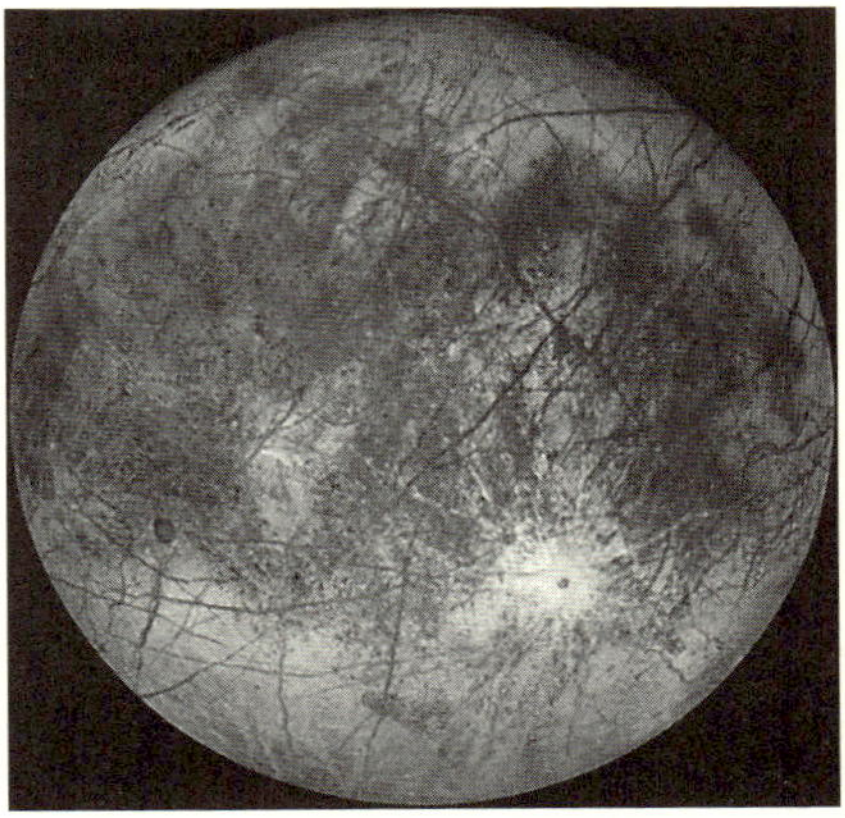

探査機ガリレオが撮影した木星衛星エウロパ
（NASA/JPL/DLR）

探査機ガリレオが撮影した木星衛星イオの火山噴火（左端）（NASA/JPL/University of Arizona）

になっていると想像されています。もちろん外界はマイナス一五〇℃なので衛星表面は凍りついていますが、内部が高温になり、氷が溶けて、内部海が維持されると考えられているのです。海の底では、潮汐加熱による火山活動があると想像されます。「海」といえば、通常は、天体の表面に存在するものを指すのですが、天体内部に存在する液体の水も「内部海」として注目されているのです。

エウロパでは表面の氷の割れ目から間欠的に水蒸気が噴出しているらしい様子も望遠鏡で観測されています。水の存在だけでは生命は誕生しないと思われますが、内部海が岩石に接していれば、ミネラルなどいろいろな物質が供給されているかもしれません。また、エウロパ表面には活発に更新されているような跡もあって、表面の氷と内部の水がじわじわと入れ替わっているのではないかと考えられています。そのときに、酸素などが表面から内部に氷ごと引きずり込まれているかもしれません。エウロパの内部海にはミネラルばかりか酸素まで供給されて内部海で化学反応が促進されている可能性があり、そこで生命が誕生していてもおかしくありません。

映画『アバター』を引き合いに出したときには、ハビタブル・ゾーンのガス惑星の衛星を想定して、その衛星の表面に海があるのかを考えたのですが、考慮したのは中心星の放射の熱だけでした。しかし、複数の衛星がある場合、潮汐加熱を熱源にしたハビタブル・ゾーンが惑星のまわりに存在し得るのです。惑星に近すぎると衛星内部が熱せられすぎて水は蒸発してなくなり、離れすぎると凍ったままですが、ちょうどいい距離だと衛星内部に海が存在できるのです。内部海だけに注目すれば、中心星放射で決まるハビタブル・ゾーンのはるか外側でも海が存在できるわけです。このような内部海となると、さすがにもう地球をイメージしようとする気はなくなりますね。

エンケラドス——地球外生命の生息地の最有力候補

土星にも内部海を持った衛星があります。3－4章でも紹介したエンケラドスです。リングと衛星タイタンの探索のために土星に向かった探査機カッシーニは、二〇〇五年にたまたま衛星エンケラドスを通りかかったときに、エンケラドスの氷の表面の割れ目から水蒸気が噴き出しているのを発見しました。エウロパでは、水蒸気の噴出は間欠的なものにとどまるのですが、エウロパの四〇〇〇分の一以下の質量しかない小さな衛星のエンケラドスでは明瞭な噴出が観測されたのです。潮汐加熱は惑星からの距離の依存性の他に、衛星が小さいほど効かなくなるはずなので、エンケラドスのような小さ

探査機カッシーニが撮影したエンケラドスからの水蒸気や氷の噴出（NASA/JPL/SSI）

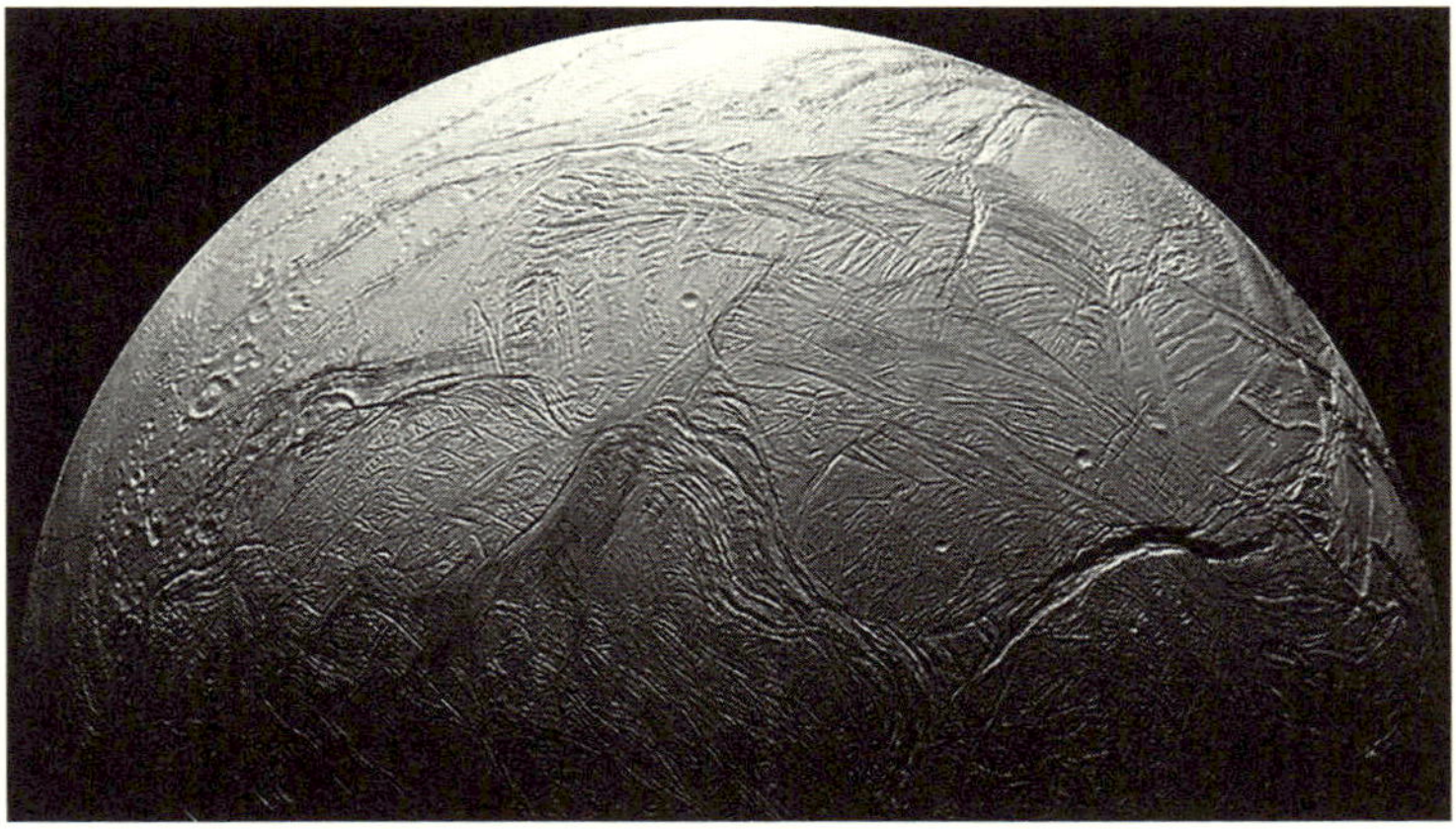

探査機カッシーニが撮影したエンケラドスの表面（NASA/JPL/SSI）

い衛星に内部海があるとは、誰も想像していませんでした。

探査機カッシーニはさらに噴出の中に突入して解析を行い、噴出物のほとんどが氷や水蒸気で、さらに有機物も含まれていることがわかりました。その後、噴出物のさらに詳細な分析が行われ、内部海がかなりの高温になっていること、盛んな化学反応が起きていることが判明しました。ここころ、現在では、地球外生命の存在場所の最有力と目されているのです。

エンケラドスほどの明白な証拠はなくても、木星の衛星ガニメデや、小惑星ケレス、冥王星でも内部海があるのではないかといわれるようになってきました。

3-3章で触れたように、タイタンという異界の発見もありました。探査機カッシーニはタイタンに小型着陸機ホイヘンスを投入しました。ホイヘンスが二〇〇五年に撮影した写真は衝撃的でした。タイタン表面に降下していって視界が開けた先にあったのは、私たちが見慣れているような湖や入江の風景でした。タイタンは一・五気圧の窒素大気もあり（地球大気の窒素は〇・八気圧）、まさに地球そっくりの世界に見えたわけです。

しかし、そこは摂氏マイナス一八〇℃の世界のはずです。湖の液体は水ではなく、地球ではガスになっているメタンかエタンだと考えられています。メタン、エタンは油です。油の霧雨が降りしきり、油の湖が点在する極寒の世界です。地球からはかけ離れた世界なのです。3-3章でも述べたように、生命への化学合成の場としては、私たちは主に水を考えていますが、メタンやエタンの液体でも何かが作られてもおかしくありません。ただし、油の中で生命と呼べるようなものが合成され得るのかについては、私たちは何の知識ももっていません。

3-7 地球外生命――地球中心主義からの解放

異界の生命

天文学者や惑星科学者たちは、かつては生命を宿す天体としては、「第二の地球」「地球に似た惑星」というものを漠然と想像していました。しかし、望遠鏡観測や探査機が実際に生命居住可能な場所として具体的に指し示したのは、赤色矮星の惑星や氷衛星の内部海やメタンの海でした。それは到底、「第二の地球」と呼ぶことはできない代物でした。

しかし、目の前に差し出されてしまえば、科学者は飛びつきます。観測できるということは、実証できるということです。ただ空想しているというのとは訳が違います。そこがどんなに異界であっても、そんなことは知ったことではありません。そもそも「異界」というのは地球のイメージからずれているというだけの話で、宇宙においては、地球のほうこそマイナーな存在の異界かもしれません。

いつのまにか、天文学者や惑星科学者たちは、赤色矮星の惑星や氷衛星の内部海を受け入れて、意図的にではなく、自然と「地球中心主義」から解放されていったのです。

しかし、そこで大問題が出てきました。赤色矮星の惑星や氷衛星の内部海で生命を探すといっても、私たちは何を手がかりにどんなものを探したらいいのでしょうか？　3-3章でこの問題を指摘しましたが、ここで、もう少し突っ込んで考えてみたいと思います。

2－5、2－7章で述べた地球生命の起源と進化の話を思い返してみましょう。地球にはヒト、バナナ、大腸菌など非常に多様な生命が住んでいるように見えますが、これらはすべて共通祖先から進化して分かれていった一系統のものにすぎないと考えられています。これらすべてにおいて、複雑な遺伝の仕組み（セントラルドグマ）も身体を作っている二〇種類のアミノ酸も共通しているからです。ただし、なぜこの遺伝暗号（遺伝コード）を使っているのか、なぜ特定の二〇種類のアミノ酸なのかには、今のところは必然性が認められておらず、これらが宇宙の他の生命にも共通しているとはなかなか思えません。

共通祖先は英語ではＬＵＣＡ（Last Universal Common Ancestor）と呼ばれ、「最終」共通祖先という意味です。なぜ「最終」なのかというと、原始の地球ではいろいろな形の生命が生まれ、生存競争の結果、今の地球生命につながるＬＵＣＡの系統がたまたま生き残って繁栄したのではないかと考える研究者が多いからです。その後、ゲノムが変化して生命は進化しました。大腸菌のように、原始的な単細胞の形態と旺盛な繁殖力を保っているものがいる一方で、あるものは古い建物が増改築を繰り返したかのように複雑化していきました。幾多の環境変動によって、複雑化、大型化が加速された時期もあるようです。進化については未だに多くの議論が続いていますが、環境変化にゲノムが適応したものが生き残ったという要素もある一方で、ランダムにゲノムが変化したという要素もあるようです。

このようなことを考えると、地球とは異なる環境の天体では、生命というようなものが生まれたとしても、その仕組みや進化は地球生命とはずいぶん異なったものになっている可能性が大きいでしょう。さらには、地球生命の誕生や進化には偶然性も大きく関与したようなので、たとえ地球と寸分違わない惑星があったとしても、同じような生命が生まれて同じように進化していく保証もなさそうです。少し前まで、科学者も含めて漠然と考えていた、地球と似たような環境の惑星に地球の植物や動物のような生命が住んでいるというイメージは、到底、通用しないように思えます。

一系統の生命しか知らないと、この地球生命の誕生や進化にどれだけの必然性があったのか、どれくらいの偶然性があったのかがわかりません。生命の定義のアイデアとして、自己複製をすること（複製）、細胞壁によって外界と区切られていること（外界との境界）、外界と物質やエネルギーのやりとりをすること（代謝）という三つの条件があることを紹介しましたが、それはあくまでも地球生命の共通の性質を述べただけです。地球でも、この三条件を厳密には満たさないけれど、存在感を持つウイルスというものもいます。

3－2章で述べたように、太陽系という惑星系のひとつの例だけしか知らなかった時代、天文学者たちは系外惑星探しにたいへん苦労しました。惑星系というものをなるべく一般的に考えようとしても、どのような方向にどの程度バリエーションをつけていいかがわからず、基準になる太陽系の姿にどうしても影響されてしまったからです。そのために、長い間、系外惑星を発見することができなかったのです。

極限環境生命

生命を考えるときには、地球の極限環境生命をよく知ることも重要かもしれません。極限環境生命ももちろん地球の一系統の範囲内の生命なのですが、私たちが身のまわりで知っている生命とはかけ離れたものも多く、生命に関する固定概念を崩すことに役に立つと思います。

一九七七年、アメリカの有人潜水艇アルビンが東太平洋の海底火山のまわりに点在する海底熱水噴出孔のひとつを探索したところ、エビなどの他、見たこともないチューブワームなどの無数の生物が住んでいました。そこは海底二〇〇〇メートルの世界。日光はまったく届かない真闇の世界です。それまでの常識では、生命とは太陽光をエネルギー源として生きるものでした。光合成生物が太陽光を使ってエネルギーを作り、その光合成生物を他の生物が摂食する食物連鎖を作りあげているというものでした。その食物連鎖に含まれる動物も、その動物や植物の死骸を分解する微生物も、間接的に太陽光エネルギーを使って生きていることになります。

海底熱水噴出孔のエビも何か他の生物を食べているはずですが、太陽光が届かない以上、光合成生物を摂食しているのではありません。調べてみると、海底熱水で作られる硫化水素、メタン、水素などを使ってエネルギーを作っている微生物がいました。エビはこの微生物を食べていると考えられ、究極的には、ここの生態系のエネルギー源は地熱ということになります。

その後も地底深くの岩の割れ目に生きる微生物や、摂氏一〇〇℃を超える熱水環境に住む微生物、逆に氷河などの超低温環境に生きる微生物、放射能をエネルギー源にしているらしい微生物など、次々と極限環境で生きる微生物が見つかりました。植物は動物よりもはるかに環境適応能力が高いで

水深数千メートルで発見された生物チューブワーム

すが、太陽光がなければ生きられませんし、微生物に比べたら、はるかにか弱い生物ということになります。微生物はいたるところに生息しているので、その総量はかなりの規模になりそうです。

私たちヒトの腸内にも微生物がコロニーを作っていて、私たちと共生しています。大人の場合、腸内細菌の総量は一・五～二キログラムにもなると考えられています。

微生物はいたるところにいるのですが、そのほとんどは正体がよくわかっていません。遺伝子解析するにはその微生物を取り出して培養し、増やしたものを解析するのが古典的な方法ですが、ほとんどの微生物は培養できる条件がわからず、増やせないのです。また、培養することで、遺伝子が改変されてしまうという恐れもあります。そのため、培養する方法ではなく、そこにいる微生物すべてをごちゃまぜにして遺伝子解析するメタゲノム解析という方法が用いられるようになっています。生命は単独種で生きているのではなく、環境に応じて、たくさんの生命が共生しています。つまり、生態系とはそこの環境のもとにある生態系をまるごと解析しないと意味がないという考えです。このような方法で、たとえばOD1と呼ばれる、大腸菌の一〇分の一くらいのゲノムサイズしかない、よりLUCAに近いとも考えられる微生物なども次々と発見されるようになってきています。

このように極限環境生命の発見は、生命のバリエーションに対する私たちの考えをどんどん広げていっています。

火星の生命探査――惑星科学者の現実主義

生命は地球環境とその変動に支配されますが、逆に生命は環境に影響を与えます。3－1章でも指摘したように、大気中の酸素は光合成生物の廃棄物ですし、陸地の土壌も岩石の粗粒が生物の死骸の有機物によって変質したものです。大気中にこれだけの量の酸素が存在しているというのは、光合成生命による環境大汚染ともいえるのですが、その豊富な酸素を利用して、陸上に進出した生命は大型化、複雑化していきました。つまり、地球と生命は共進化しているのであり、生命とは地球という天体におけるエネルギー循環と物質循環の一部分だということができます。

このような理解が進んできたことで、惑星科学者の考えは大きく変わりました。一九七〇年代に惑星科学者たちは火星に生息しているかもしれない微生物を探そうと、無人探査機バイキング一号、二号を火星に送り込みました。当時、すでに火星人はいないことはわかっていましたが、微生物くらいはいるのではないかと期待されていました。

しかし、いろいろ調べても、生命の痕跡はまったく検出できませんでした。たとえば、火星の土壌を採取して栄養素を入れて二酸化炭素の変化をみました。生物が餌を食べれば二酸化炭素を吐くかもしれないし、光合成生物がいれば逆に二酸化炭素を吸うのではないかということです。しかし、何の変化もありませんでした。何も見つけられなかった原因は、バイキングが試みた探索は、私たちの身のまわりにいる、よく知った微生物の特徴を基本にしたものだったことが大きいのではないかといわれています。現在の知識、特に極限環境生命の知識をもとにすると、もっと広い可能性を調べるべきだったと思われます。ですが、バイキング一号、二号が火星に到達したのは一九七六年のことです。潜水艇アルビンが太陽光を使わない深海生物群を発見したのは一九七七年のことで、バイキング計画当時には極限環境生命の知識はなかったので仕方ありません。バイキングの空振りによって、火星生命探査はいったん停滞しました。

その後、人類は極限環境生命も知り、生命と地球の共進化の事実も知りました。そのことで、火星探索の戦略も変わりました。生命を切り離して探索するのではなく、まずは天体環境を精査して、そこに生命のようなものがいる可能性や過去にいた痕跡を探ろうという方針に変わったのです。

一九九〇年代後半から火星探査が再開し、アメリカのＮＡＳＡやヨーロッパのＥＳＡが次々と探査機を火星に送り込み、地道に地形や岩石・鉱物を探索しました。まずは、三五億年以上前に作られた地域で、水が流れたような地形がたくさん発見されました。二〇一八年には火星の地下に小さいけれど水が貯蔵されているという報告もありました。どうも、誕生後一〇億年くらいまでの火星の表面には液体の水があったようです。全面を覆うような海ではなく、湖沼とか小規模の海のようなものだったと推測されています。２－４章で、アミノ酸などが長くつながってタンパク質になるなどする高分

実際に火星探査を行っている探査機キュリオシティの写真（NASA/JPL-Caltech/MSSS, PSI）

子化は、水分子を抜いて結合する脱水反応が必要なので、乾いたり水がかぶったりを繰り返す、波打ち際や湖沼のほうが適しているという考えがあると述べましたが、その点でいえば、当時の火星は生命の誕生には最適な場所だったという考えもあり得ます。

　地質学的な証拠からは、太古の地球は海に覆われて、大陸はなかったことが示唆されています。大陸はマグマが固まった軽い岩石が集まったものなので、いったん形成されるとマントルの中に再び沈み込むことはなく、浮いて残っているはずなのですが、四五億年前の誕生から四〇億年前の間に形成された大陸は地球には残っていません。その五億年あまりの期間は地質的なデータが残っていない空白期間なので「冥王代」と呼ばれていますが、それは大陸がそもそもなかったのだと解釈されています。一方で、地球では冥王代終了直後に形成された大陸の岩石に生命の痕跡らしいものがいくつか残っています。冥王代の地球は生命誕生には不向きだったのかもしれません。

　このことから、地球生命は実は太古の火星で生まれて、火星に小天体が衝突したときに飛び出した岩石破片に乗って、地球に到達したのではないかという考えもあるほどです。実際に火星に小天体が衝突したときに飛び出して地球に飛来した隕石も発見されていますし、微生物はしぶといので、岩石の隙間に生息したまま宇宙空間を旅することも可能かもしれないので、まったく荒唐無稽の話ではありません。ただし、火星から飛来した隕石に乗って地球に到達するという確率はとても低いと想像されるので、地球のどこかで地球生命は誕生したという考えのほうが多くの研究者に支持されています。

太古の火星には液体の水があったことを示す証拠を受けて、ＮＡＳＡは火星生命の痕跡を探るための探査機キュリオシティを二〇一二年に送り込みました。これは火星に着陸して、火星表面を走行するローバーというタイプの探査機です（バイキングは着陸地点にじっとしたまま、アームやレーザーで探査しました）。キュリオシティは火星表面を動き回って、水が関与しないとできないような岩石や鉱物を探し出し、土壌を採取して分析し、水分が含まれていることも発見しました。

二〇一八年には、太古の火星には複雑な有機物があったこと、現在の火星でも大気にメタンがあって季節変動していることを確かめました。地球大気にもメタンがありますが、その多くは微生物（メタン菌）が吐き出したものです。酸素もメタンも不安定で、すぐになくなる分子ですが、それらが地球大気に一定量存在しているのは、光合成生物やメタン菌が絶えず生産しているからです。火星も同じである保証はありませんが、火星に生命がかつて住んでいたか、今でも地底に住んでいるかもしれないという期待がだんだんと出てきています。

ＮＡＳＡはこれらを大々的に発表しました。惑星科学者たちは盛り上がったのですが、地球外生命という点でいうとあまりに間接的な話で、状況証拠にもなっていないので、専門に近い科学者以外にとっては、その発見がどれほどすごいことだったのか、わかりにくい肩透かしのような発表だったたのではないかと思います。エンケラドスの内部海からの噴出物の解析についてもＮＡＳＡが鳴り物入りで発表したのですが、火星の海の話よりもさらにわかりにくかったのではないかと思います。

しかし、もう実際に火星に行って調べているのですし、氷衛星にもまた行けるはずです。データはどんどん入ってくるのです。地道にデータを解析し、間接的な証拠を積み上げることで、大きな発見につなげようというのが、惑星科学者たちの現実主義なのです。

系外惑星の大気組成観測——天文学者の現実主義

太陽系内であれば行ってみることができますが、系外惑星となると、現状では望遠鏡で観測するしかありません。火星はすでに現地で探索しているわけですが、それでも生命の痕跡はなかなか見つけられません。系外惑星、特に地球環境とはまったく異なる環境を持つと予想される赤色矮星の惑星に存在しているかもしれない生命が、どんな姿をして、どんな仕組みになっているのかはわかりません。そのような相手に対して、望遠鏡観測だけで一体何がわかるのでしょうか？ つい悲観的な気分にもなります。

ですが、系外惑星はすでに多数発見され、ハビタブル・ゾーンの地球サイズの惑星（太陽型の恒星ではなく、赤色矮星の惑星ですが）も続々と発見されています。系外惑星の大気の成分も観測できるようになってきています。

人類は太陽に探査機を送り込んだことはありませんが、太陽の詳細な成分を知っています。３−２章でも述べたように、望遠鏡で観測するだけで、その星の大気の温度や成分がわかるのです。これは天文学における伝統的な方法である分光観測によるものです。

太陽の光をプリズムに通すと虹のように色に分かれます。太陽の光はいろいろな波長の光が混ざっていて、プリズムを通すと波長によって屈折率が違うので、波長ごとに分かれます。それが、人間にはいろいろな色に分かれているように知覚されるのです。

ここで、少し話がずれますが、「色」について説明しておきましょう。「色」という物理的な実体は存在しません。色とは人間の脳が、物理的実体である光の波長を、認識しやすいように「翻訳」したものです。人間の眼には錐体と呼ばれる三種類の細胞があって、三つの異なる波長の光に強く反応する特性を持っています。この三つの細胞の反応の差をとると、光の波長が検知できるわけです。S錐体は波長が短い光によく反応します。S錐体が残りのM錐体、L錐体より強く反応すれば、その光の波長は短いということになり、その場合、脳で青色という知覚に変換されます。M錐体、L錐体の強い反応は緑色、赤色として変換されます。人間の錐体では赤外線や紫外線の波長の区別はつけられないので、日々の暮らしの中でも赤外線や紫外線は存在していますが、「赤外色」や「紫外色」は知覚できません。太陽光は主に赤外線と紫外線の間の波長の光（可視光）を出しているので、進化の過程で「赤外色」や「紫外色」の知覚が発達しなかったのでしょう。鳥類は赤緑青に加えて紫外色を知覚できるようですが、逆に多くの哺乳類は緑が知覚できないようです。

話を戻すと、天体分光観測では、プリズムのような働きをする分光器というものを使って、光を物理的実体である波長で分けます。赤外線や紫外線なども分けます。そのように分けられた光の一覧を天文学用語で「スペクトル」と呼んでいます。

まず、スペクトルの全体の分布でその天体の温度がわかります。波長が短いほうに分布が寄っている（青い）と温度が高く、波長が長いほうに分布が寄っている（赤い）と温度が低いことになります。

さらに、太陽のスペクトルにはフラウンホーファー線と呼ばれる黒い筋がたくさん入っています（天文学用語で「吸収線」と呼びます）。太陽の光は太陽の外側の希薄なガスをすり抜けてきたものですが、そのガス中の原子はある特定の波長の光を吸収する性質があるので、スペクトルに吸収線が入るのです。その線の深さ（吸収の強さ）によって、太陽外層ガスの原子の存在度がわかるので、地球からの観測で太陽の組成がわかるのです。このことは惑星でも同じで、スペクトルをとれば惑星の大気の組成がわかります。

問題になるのは、系外惑星ははるか遠くにあるので、惑星と中心星の光を分離するのが難しく、特にハビタブル・ゾーンは中心星に比較的近いので、強烈な中心星の光が重なっていて、ハビタブル・ゾーンの惑星からのほのかな光を取り出すことは至難の業になります。二〇二〇年代後半に稼働する予定の超巨大望遠鏡を使って、数十光年以内という近場のものであれば、中心星とハビタブル・ゾーンの惑星の光を空間分解できるようになります。すばる望遠鏡の口径は八メートル、世界最大のケック望遠鏡でも口径一〇メートルですが、計画されている、ヨーロッパ共同の超大型望遠鏡・E-ELTや、アメリカ、カナダ、日本、中国、インドが参加するTMT、アメリカ、韓国のGMTは口径二五〜四〇メートルで、分解能も集光力も格段によくなる予定です。

ハビタブル・ゾーンの惑星の大気の本格的な観測は二〇二〇年代後半まで待たないとなりませんが、実は、現在でも食を起こす惑星については、大気成分の観測が可能になっています。

食が発見されている惑星は多数あります。現在の望遠鏡ではこのような惑星と中心星を空間的に分離することはできず、一点に見えるのですが、食が起きると、惑星のほうが隠れたり、現れたりしてくれます。惑星が食を起こしている間は中心星からの光の一部は惑星の大気も通過するので、惑星大気の吸収線がスペクトルに入ります。惑星が中心星の裏側にいる間は惑星大気の影響はまったくないので、裏にいるときと表で食を起こしているときのスペクトルの差をとれば、惑星大気の成分がわかるのです。このような方法で多数の惑星大気の観測がすでに行われています。想定外だったのは、大気が雲によって覆われていると考えられる惑星がかなりの数、存在しているということです。そういう惑星では大気の吸収線がかき消されてしまい、成分がわかりません。

ハビタブル・ゾーンは中心星からそれほど近くにはないので、食を起こす確率は低く、ハビタブル・ゾーンにあるスーパーアースやアースで大気観測がされたものは、まだありません。トラピスト－1は赤色矮星でハビタブル・ゾーンが近く、食を起こす七つの地球サイズの惑星のうち二個か三個がハビタブル・ゾーンに入っているのではないかといわれています。ですが、トラピスト－1は見かけの光度もたいへん低く、詳細なスペクトルをとることができないので、これらの惑星の大気観測はされていません。さまざまな波長にわけてスペクトルをとるためには、得られる光量が大きな、見かけの明るさが大きな恒星が必要になるのです。

二〇一八年に打ち上げられたＮＡＳＡの新たな宇宙望遠鏡ＴＥＳＳが観測を開始しています。この望遠鏡は全天の見かけの明るさが大きい恒星を調べて、食を起こす惑星を探しています。ハビタブル・ゾーンにあるスーパーアースやアースで食を起こすものの確率は小さいですが、数が多ければ見つかるはずです。宇宙望遠鏡でなくとも、地上望遠鏡でも見つかる可能性があります。実はすでに見つかっていて、スペクトルの解析をしている最中かもしれません。発見は時間の問題です。（本書の校正中に、K2－18という、太陽質量の三分の一くらいの赤色矮星のハビタブル・ゾーンにある、地球質量の七～一〇倍のスーパーアースの大気の観測が成功して、水蒸気が検出されたというニュースが流れました。この惑星（K2－18b）の表面には海が存在しているかもしれません）。

大気成分の話をしてきましたが、天文学者たちは、大気成分から、その惑星に存在する生命の間接的な証拠が見つかるのではないかと期待しています。これまでも指摘してきたように、地球の大気組成は金星や火星と比べると際立っていて、水蒸気もあり、酸素もあります。水蒸気は海があるから発生するのですし、酸素があるのは光合成生物が生息しているからです。他にもメタンがありますが、それもほとんどが生物起源です。つまり、系外惑星系のハビタブル・ゾーンのスーパーアースやアースの大気を観測して、水蒸気、酸素、メタンなどが検出されたら、そこにも海があって光合成生物が住んでいる可能性があるのではないかという話になります。

さらには、植物が大陸を覆っていれば、反射光の観測で生命のことがわかるのではないかという議論もあります。植物は、太陽が主に放出する可視光を使ってエネルギーを作る光合成という仕組みを持っていますが、太陽からはあまり出ていない赤外線を強く反射するという特性を持っています。赤外線写真で風景を撮ると、樹木や芝生は光り輝いています。海や陸地の岩石は、そういう特殊な反射特性を持たず、どの波長の光も似たような率で反射します。地球を外から観測すると、地球は自転をしているので、植物が覆う低緯度帯の大陸が周期的に現れます。したがって、地球が点にしか見えない遠方からでも、地球からの光は周期的に赤外線が強くなるので、その観測から大陸に植物が繁茂していることが推測されるというわけです。大気中の酸素が検出された場合に示唆される光合成生物は、海の中の微生物かもしれないのですが、この赤外線の反射が検出されたときに示唆されるのは、植物であって、それは微生物ではなく、進化が進んで大型化・複雑化した生命です。

もちろん、酸素やメタンが生命の存在とは関わりなく生成される、私たちが知らない反応があるかもしれないので、慎重に解析する必要はあります。また、酸素やメタンが生命存在の間接的証拠だというのは、あくまでも地球の生命の場合です。ましてや、植物が大陸を覆っているというのは、地球でもこの五億年くらいの間だけで起こっていることです。それ以前は、大陸には植物はありませんでしたし、誕生からしばらくは大陸すらなかったと考えられているのです。

系外惑星に生命が住んでいたとしても、どんな姿で、どんな仕組みになっているのか、どこに生息しているのか、わからないというのが正直なところです。私たちは地球の生命しか知らないので、天文学者たちは、まずは地球の生命をもとにした観測から始めるしかないと考えて、準備を始めています。ハビタブル・ゾーンのスーパーアースやアースの大気成分や反射光の変動が観測されるのは時間の問題です。待ったなしなのです。それに、系外惑星の生命は地球生命とはまったく違ったもののはずだという考えも、単なる推測であって、それも私たちの思い込みだったということになるかもしれません。乏しい知識であっても探しはじめるしかない。それが天文学者たちの現実主義なのです。

系外惑星の生命が私たちには想像もできないものであっても、観測してみたら、何か「ヒント」が見つかるかもしれないとも天文学者たちは期待しています。科学の歴史を振り返ってみると、ある日標のために高精度の装置を作って実験や観測をしてみたところ、当初の目標とは別の思いがけない大発見につながったということがよくあります。

ここでいう「ヒント」とは、何か変な大気組成ということです。気体を置いておくと、自然に化学反応が進んでいって、そのときの物理的条件に応じて、ある一定の組成に落ち着いていきます。これを「平衡組成」といいます。エントロピーが増大して無秩序状態に到達した状態が「平衡」だという言い方もできるかもしれません。平衡組成は私たちがすでに知っている化学反応式から予想できます。そこに地球の物理的条件をあてはめると、酸素やメタンはほとんど存在できないことになります。地球では、生物起源のメタンや酸素が多く存在しているために、平衡組成から大きくずれているのです。

量子力学の創始者のひとりである、オーストラリアのエドウィン・シュレディンガーは、生命という局所的なシステムではエントロピーが増大しない、つまり秩序が保持されるというようなことを主張しました。熱力学によれば、システムが平衡に向かうときには、乱雑さを表す物理量のエントロピーは増大しなければなりません。つまり、秩序や構造はだんだんと崩れていくわけです。グラスの水にミルクをたらせば、かき混ぜなくてもミルクはだんだんと広がって、薄く一様になります。いったんそうなると、ミルクがまた集まって液滴状になることはありません。しかし、このエントロピー増大の法則は閉鎖された系の全体のエントロピーが増大するということを示しているだけで、外にエントロピーを捨てれば、系のエントロピーは減少して、平衡からずれます。閉鎖系であっても一部分でエントロピーが減少して秩序的な構造が作られても、他の部分でエントロピーが増大して、そちらが勝れば、系全体のエントロピーは増大するので、法則には反しません。シュレディンガーは、生命活動は部分的にエントロピーを減少させているとして、「生命は負のエントロピーを食べている」と主張したのです。

天文学者は、そういう考えも参考にして、平衡組成からはずれた大気を持つ惑星を見つければ、そこに生命がいる可能性があると考えてみようとしているわけです。その惑星が置かれている詳しい条件は観測できないので、本当にそれが平衡からずれた組成なのかということには慎重に検証しなければなりませんが。

3-8 その次は？

系外惑星に探査機を送り込む

ここまで述べてきたように、惑星科学者や天文学者たちは、すでに地球外生命を探しはじめています。系外惑星系のハビタブル・ゾーンに存在するアース、スーパーアース、巨大ガス惑星の衛星、太陽系内では、惑星は火星のみですが、土星の衛星のエンケラドス、タイタン、木星の衛星のエウロパというように、具体的に地球外生命が生息している可能性がある天体が絞り込まれていて、一〇年先、二〇年先、もしかしたら明日にでも、データが手に入るかもしれません。

そのことだけでも人類の考え方を大きく揺るがすものになるのではないかと思います。ですが、地球外生命の決定的な証拠が得られたとしたら、その次はどうするのでしょうか？　のんびりと考えていたら、すぐに決定的な証拠が発見されてしまうかもしれません。

二〇一六年に、ロシア人ベンチャー投資家のユーリ・ミルナー、宇宙論学者のスティーヴン・ホーキング、フェイスブックのマーク・ザッカーバーグらによって、おもしろいアイデアが提案されました。ブレークスルー・スターショット計画というものです。科学者も多数メンバーに入っていますが、民間人も多数参加しています。

これは、プロキシマ・ケンタウリの惑星のように、隣の恒星のハビタブル・ゾーンの惑星に探査機を送り込んで惑星の表面の写真を撮ろうという計画です。もともとは地球に似た惑星を想定しているのか、太陽型星のアルファ・ケンタウリを送り先の目標にしていたようですが、赤色矮星のプロキシマ・ケンタウリのハビタブル・ゾーンには地球サイズの惑星が発見されているので、プロキシマ・ケンタウリでもいいと思います。その大気に酸素が検出できたら、筆者としては、ますます、そこを目標にしてもらいたくなります。

一九七〇年代にNASAが打ち上げた惑星探査機ボイジャーが天王星や海王星の探索を終えた後に、太陽系外を目指し、二〇一三年にやっと太陽圏を出たというニュースを聞いたかもしれません。太陽圏とは、太陽から飛び出したイオンが到達する範囲で、天王星軌道までの距離の五〜六倍の範囲です。隣の惑星系を目指すといっても、ボイジャーが到達した太陽圏の果ての距離の数千倍あります。そこに到達するのに、どれだけの時間がかかるのかと思うと途方に暮れてしまうかもしれません。

ブレークスルー・スターショット計画では発想を大きく変えて、一センチメートル四方くらいのチップにナノテクノロジーを駆使した観測装置を搭載し、一メートル四方サイズの帆にレーザーを当てて、光の速さの数分の一まで加速しようと考えています。軽いチップなので、加速は容易なのです。これを数千個も宇宙空間にばらまき、そのうちの一部でも目的地にたどり着けばよいという考えです。反重力とかワープといった夢の方法ではなく、現在すでにある原理を使うので、あとは技術的にどれくらい精度を向上させられるかの問題です。プロキシマ・ケンタウリなら二〇年で到達できて、ハビタブル・ゾーンの惑星の映像を撮って返送するのに四年ちょっとかかるだけなので、四半世紀で何かしらの結果が得られます。

この計画は民間人が主導していることもあって、予算をなるべく削って最大限の科学データを得ようというものではなく、リスクもコストをかけることも厭わず、未踏の地に人類が作ったものを実際に到達させようという「冒険」とでもいうべき要素が入っています。それでいて、すばらしい科学的データも得られそうです。

火星移住は待ってほしい

宇宙での冒険というと、火星に人が行くということなどを思い浮かべるかもしれません。しかし、単純な構造を保ったままの微生物と比べて、地球環境のもとで複雑化してきた人類の環境適応性は極めて低いといわざるを得ません。生身の人間が別の天体に行くとなると、人間が生きていける環境を人工的に作らなければならず、膨大なコストがかかってしまいます。それを行うと、他の科学予算が大幅削減されることは目に見えているので、科学者では反対する人が多いのではないでしょうか。さらには、3－7章で大人の腸内細菌の総量は一・五～二キログラムにもなると述べましたが、そんな人間が火星に到達することで、もしかしたら、火星に存在しているかもしれない生態系を破壊してしまう危険性も気になります。地球外生命発見という人類史上の大発見を無効にしてしまうかもしれないのです（すでに一九七〇年代から火星に探査機が多数送り込まれているので、探査機に付着していた地球の微生物によって、火星が汚染されてしまっている可能性が少し気がかりです）。

ましてや、火星の気候を無理やり変えて人類が移住するなどということは、筆者はもってのほかだと思ってしまいます。移住を考えるときには、人類滅亡の危機かもしれないのだから、そんなことはいっていられないと思われるかもしれませんが、地球を改造するほうが、圧倒的にコストが低いと思います。月の土地を売るなどという商売もあって、テレビなどで「夢があっていい」とコメントしているのを聞くこともあります。火星移住も月の土地の販売という話も、地球で人類が行ってきた土地の奪い合いを他の天体でもやろうとする、人間中心の身勝手な行為のように筆者には思えます。

話がずれましたが、ブレークスルー・スターショット計画では、人を送り込もうとするわけではないですが、わかりやすく、人々を魅了する、新しいかたちの計画だと思います。地球外生命の確認が現実味を帯びてきた状況を踏まえて、今後もいろいろなかたちの魅力的な計画が提案されていくのではないかと期待します。

3-9 地球外知的生命と意識の起源

一方で、その次に目指すべきものとして、多くの人が興味を持つのが、地球外知的生命の探索かもしれません。地球外生命が存在する証拠が見つかったら、そこにいる生命と交信できないかということです。

電波文明を探す古典的SETI

地球外知的生命の探索として古典的な方法は、知的生命が発するメッセージを電波望遠鏡で探すSETI（Search for Extra-Terrestrial Intelligence）とよばれる方法です。ですが、このプロジェクトは六〇年もの間、断続的に続いていますが、何の信号も捉えられていません。知的生命というものが、必ず、自分たち以外の生命に興味をもって信号を送ろうとするとは限りません。

相手が意図的にメッセージを送ってくれないならば、電波漏れを捉えてしまえばいいという議論もあります。系外惑星に進化した生命が住んでいたとして、その生命が個体に分かれていて、その天体の表面で、仲間うちで通信するとするならば、物理学的には電波を使うしかありません。可視光や紫外線はまっすぐに進むので、曲がった天体表面では遠くまで通信できません。音波はすぐに減衰します。一方で、電波は回りこんだり、反射したりして遠くまで届きます。つまり、仲間うちで通信している電波の漏れを電波望遠鏡で検出できれば、電波を使う「知的生命」がいるということになるわけです。逆にいうと、天文学では電波交信をするものを知的生命と定義するということです。そのように定義するのは、私たちが知っている物理学の範囲で、観測可能だからです。

観測できなければ実証もできず、想像で終わるしかないので、それは科学とはいえません。つまり、観測できない地球外知的生命というものには踏み込まないという考え方です。原理的に実証も証明もできないことを議論しても、自分はそう思う、いやそうは思わないという水掛け論になってしまうので、科学者はそれを嫌うのです。

二〇二〇年代後半の稼働を目指す超大型電波望遠鏡のＳＫＡ（Square Kilometer Array）では、一〇光年先に現在の地球と同じ程度に仲間うちで電波を使う電波文明があったとすると、その電波漏れが検出できる感度を持っているとされています。ＳＫＡの主要な科学目標はそのような地球外電波文明の検出ではないのですが、それも可能だということを頭の片隅に置いておくことは重要かもしれません。

しかし、この電波文明という定義は、方便にすぎず、「知的生命」や「知性」について何もわかった気がしないという不満も出ることでしょう。もちろん、現状では知性とは何か、意識とは何かに答えは出せませんが、この点については、少しあとで考えを述べたいと思います。

古典的ドレイクの方程式

地球外知的生命に関わって、一九六〇年代にアメリカのフランク・ドレイクによって提案された「ドレイクの方程式」というものがあり、これはとても有名です。これは、銀河系内で、人類が交信できる文明の数Nを見積もるという式で、

N ＝（1）銀河系内での恒星の年間生成数
×（2）惑星系をもつ恒星の割合
×（3）惑星系内で生命居住に適した惑星の数
×（4）そこで生命が発生する確率
×（5）その生命が知的生命に進化する確率
×（6）知的生命が星間通信する確率
×（7）文明社会（通信文明）の平均持続年数

というものです。

最初の二つのファクターはすでにわかってしまっています。二つめは、五〇%以上は確かで、一〇〇%に近いかもしれません。三つめも、本章でお話ししたように観測や議論が進んでいます。太陽型星の惑星だけではなく赤色矮星の惑星も考えるようになり、惑星に限らずに衛星でもいいということになってきているので、この値は一以上かもしれません。四つめの生命の起源は、非常に大きな謎で

すが、2－7章でお話ししたように、実証的に科学が挑戦する時代になっています。

五つめは科学が取り組める問題かどうかはわかりません。「知的生命」の定義すらわからないのです。六つめのファクターは電波を使った星間通信を指していますが、星間通信しなくても電波文明を持つ確率でもいいと思います。これは、天文学的観測可能な知的生命に絞っていることになりますが、それではすっきりしないと思う人は多いかもしれません。七つめのファクターも科学が扱えるものか不明にも思えますが、これについては次に少し考えたいと思います。

五～七つめのファクターは、現状では科学がすぐに答えを出せるものではないですが、すでに科学の対象である一～四番目にそれらをくっつけ、「宇宙の生命とのコミュニケーション」という、ある意味わかりやすい指標に落とし込むことによって、「ドレイクの方程式」は広く知られるものとなったのだと思います。科学の歴史は、宗教や哲学が扱ってきた対象を次々と科学の対象に変えてきたので、五～七つめのファクターもいずれ科学が取り組む対象になるという期待もあったのかもしれません。

最後に、ドレイクの方程式の七つめのファクター「文明社会の持続時間」についてもう少し考えてみましょう。「文明社会の持続時間」は、たいへん短いのではないかという言説がこれまでよくありました。冷戦時代には核戦争で人類が滅びるのは間近ではないかという雰囲気があったことが、そのような言説につながったのではないかと思います。人類が電波文明となったのは最近のことなので、すぐに核戦争で人類が滅びることになれば、七つめのファクターは宇宙年齢に比べたら一億分の一に満たないということになり、Nの値は一気に小さくなります。

ちなみに、一九五〇年代の冷戦時代の終末観によって、高度な知性を持った宇宙人がＵＦＯに乗って訪れているという言説がアメリカで神話化されたという分析もあります[9]。これは、終末観の中で、一神教で仮定される絶対的な存在（神）を高度な知性を持った宇宙人という形に投影したのではないかと考えられています。このように、かつての冷戦が地球外生命に対する人々の考えに与えた影響は大きいと思います。

核戦争で壊滅的影響を受けた人類の末裔の物語は、『風の谷のナウシカ』など多くのものがあります。映画『猿の惑星』では、人類にとってかわってサルが地球の支配者となっていますが、人類が滅びれば、別の生物がとってかわるということは、これまで大絶滅とその後の進化を繰り返してきた地球の歴史を振り返れば、想像ができます。人類に遺伝子的に近いサルである必要もなく、異なった生物による異なったかたちの文明が繰り返し作られていくのかもしれません。ただし、それが電波文明になるのかはわかりませんし、言語という外部記憶装置を持った人類は特別だという考えもあります。

一方で、近年のテクノロジーの進展を見ると、電波文明の寿命はかなり長くなる可能性も考えられます。各人の脳の情報をネットワークに接続してしまえば、生物学的な身体と独立になり、光の速さで転送できます。クラウド型にして、原子力や太陽光で半永久的に航行する飛翔体や月や火星などに情報を分散して置いておけば、たとえ人類が地球で生物学的に滅亡しても、半永久的に電波文明は残るかもしれません。インターネットがなかった頃のコンピュータは、その機械が壊れたら、中の情報も失われましたが、だんだんと外付けハードディスクができ、ネットでバックアップができるようになってきて、現在は使っているコンピュータが機械的に壊れたところで、蓄積された情報は失われません。それと同じようなことになっていくのではないでしょうか。

意識とは何か、知性とは何か

ドレイクの方程式は、ＳＥＴＩの活動が始まった時代に、科学者も含めて人々の目を宇宙の生命というものに向けるという点で、非常に大きな役割を果たしたといえるでしょう。しかし、そのゴールはあくまでもコミュニケーション可能な地球外知的生命です。それ以外の地球外生命がばっさりと切り捨てられています。現状の知識で考えると、地球外生命は生命の組み立てもまったく異なる得体の知れないものかもしれません。そこに、よく定義されていない「知性」という条件を加え、さらに人類がコミュニケーションをとれることを条件につけてしまうと、確率を大幅に下げてしまい、地球外生命の発見という偉業の達成を遠ざけてしまうと思われます。人類の想像の域を飛び越えた非常に多彩な生命が宇宙に充満しているかもしれないのです。その可能性をあえて捨てる必要はないと筆者は考えます。

また、コミュニケーション可能な知的生命を探すというのは、その次の目標としても、あまりに飛躍しすぎではないかと筆者は思います。そのような生命の存在確率はあまりに低すぎると思われ、そこを目指してしまうと、地球外生命の探索の研究がそこで止まってしまうのではないかと危惧します（もちろん確率が低すぎるということも、私たちの思い込みにすぎないのかもしれないのですが）。

さらには、そもそもコミュニケーション可能なものでないと価値がないのでしょうか？　それはあまりに人間中心主義的な価値観ではないでしょうか？

あるテレビ番組で議論をしていたときに、「多くの人々にとって、生命とは私たちと何らかのコミュニケーションをとれる相手を意味するのではないか」というコメントがありました。ですが、そうなると、植物や微生物は生命ではないということになりますし、動物でも怪しいものがたくさん出てきます。この考え方に従うと、同じ人間であっても文化や言葉が違うためにコミュニケーションがとれなければ生命とはみなさない、殺してもいいのだというような思考（生きているから殺せるので、それが生命ではないというのは矛盾していますが）につながる危険性も指摘されました。そういう思考に陥ってしまうことを避けるためにも地球外生命を考え、見つけることが必要なのかもしれません。

再三述べてきたように、地球外生命が存在しているかもしれない系外惑星や太陽系内天体が次々と発見されたことにより、地球外生命探索が本格化してきましたが、そこで突き当たった問題が、「生命とは何か」という非常に根源的な問題です。それと同じように地球外知的生命探索を科学的に考え出すと、どうしても知性とは何か、そもそも意識とは何かという問題に突き当たります。すでに述べたように、私たちとコミュニケーションがとれるヒト型生物に限定してしまうと、地球外知的生命探索が停滞してしまう恐れがあるばかりか、それは非常に独善的な人間中心主義だともいえ、これまでの天文学の流れに逆行するものでもあるといえるのではないでしょうか。

プロローグでも述べたように、意識とは何かという問題は哲学の専売特許でした。「我思う故に我あり」という言葉で有名な一七世紀のデカルト、『純粋理性批判』などの三批判書で有名な一八世紀のカント以降の近代哲学においては、人間の意識、認識、思考ということが哲学の主題となりました。その後、現象学で有名なオーストリアのエトムント・フッサール、『存在と時間』の著書で有名なドイツのマルティン・ハイデッガーらの「相関主義」が優勢になり、人間の思考が基本であり、人間の認識なしに物を思考することは意味がないという主張がされました。これをストレートに受け取ると、究極の「人間中心主義」であって、宇宙の起源、生命の起源どころか、人類登場前の進化論ですら意味がないことになります。二〇世紀後半にはポスト・モダンが登場し、自然科学においても多様な解釈があるだけで真実はないという言説まで現れる、相対的な構築主義が敷衍しましたが、近年では、フランスのクァンタン・メイヤスーやドイツのマルクス・ガブリエルらの思弁的実在論が登場して、それまでの相関主義を批判し、物の実在を認める方向も出てきました。[10] 哲学においてＡＩやゲノム編集を意識した言説も現れてきたので、今後、もっと、知性とは何か、意識とは何かという問題を、科学者と哲学者の間で活発に議論できるようになればと思います。

しかしながら、プロローグや２‐９章でも触れましたが、脳科学や神経科学のテクノロジーが将来のビジネスとも絡むかたちで急速に発展していて、知性とは何か、意識とは何か、意識とはどのようにして生まれたのかという究極の問題に大きな影響を与えそうな勢いです。ブレイン・ネットワーク（またはマシン）・インターフェースという技術の発展によって、すでに複数人の脳波を結合して言葉を介さずにコミュニケーションをとって一緒にゲームをしたり、脳波で他の人の身体を動かしたりという実験が成功しています。[11] さらにビジネスとして、ある航空会社は、遠方のロボットなどのアバターに脳を接続する技術開発を行っています。[12] 人間の身体を含む物体を移動させるのが航空会社の役目ですが、意識や五感を伴う体験を転送する時代が来ると見越して、そういう事業も始めているようです。折しも、この部分の原稿を書いた次の日の朝刊には、電気自動車テスラや民間宇宙ベンチャー企業のスペースXで知られるイーロン・マスクが、頭蓋骨に穴を開けて脳に電極を挿して、念じただけでPCやスマホを操作する臨床試験を二〇二〇年内に行うことを計画し、フェイスブック社は装着型の電極で、頭の中で念じたことが文章に変換される技術の開発を進めているという記事が出ていました。

意識とは記憶の集積したものという見方もできるかもしれません。オプトジェネティクスとは脳の神経細胞（ニューロン）の状態を制御する技術です。脳には海馬と呼ばれる部位があり、その部分が記憶をつかさどっているのですが、オプトジェネティクスによって、ある特定の記憶がニューロンの特定の状態と対応していることが明らかになり、そのニューロンの状態を人為的にON／OFFすることが自在にできるようになっています。このことによって、ある記憶や感情を埋め込んだり、消したり、書き換えたりすることができるようになってきているのです[13]（マウスの動物実験段階ですが）。

このブレイン・ネットワーク・インターフェースや、オプトジェネティクスといった技術は、ビジネスの目的でどんどん発展しているのですが、いずれヒトの意識・知性とは何かという問題に真剣に向き合わざるを得なくなると思います。

ここまで、地球外知的生命の「知性」とは何かということには深入りしてきませんでした。哲学者との対話も必要ですが、ブレイン・ネットワーク・インターフェース、オプトジェネティクス、さらにAIといったテクノロジー先行のかたちで、まずはヒトの知性や意識というものの理解が進んでいくかもしれません。

地球外知性を探すという目標に対しては、現在の私たちはあまりに何も知らないと思います。ですが、すでに何度か述べているように、ヒトの意識・知性とは何かという研究は、極めて「私につながる科学」的なところから出発しながら、地球外知的生命、地球外意識といったものにもつながる「天空の科学」的要素を持ちます。この研究の発展は、地球外知的生命、地球外意識とのコンタクトということに関して、これまでとはまったく違った考えを生み出していくのではないかと思います。

＊注

(1)太陽系形成の遭遇説については、古い教科書に詳しい。たとえば、鈴木敬信『天文学通論』地人書館　一九九二年

(2)井田茂『異形の惑星――系外惑星形成理論から』ＮＨＫ出版　二〇〇三年

(3)井田茂『系外惑星――宇宙と生命のナゾを解く』筑摩書房　二〇一二年
井田茂『系外惑星と太陽系』岩波書店　二〇一七年

(4)井田茂『スーパーアース』ＰＨＰ出版　二〇一一年

(5)Shmuel, B. & Loeb, A. (2018) Could Solar Radiation Pressure Explain ‘Oumuamua's Peculiar Acceleration? *Astrophysical Journal Letters* 868, article id. L1 (5 pp).

(6)The ‘Oumuamua ISSI Team (2019) The natural history of ‘Oumuamua, *Nature Astronomy* 3: 594-602.

(7)マイケル・Ｊ・クロウ『地球外生命論争1750-1900――カントからロウエルまでの世界の複数性をめぐる思想大全』鼓澄治ほか訳　工作舎　二〇〇一年

(8)そうであるはずなのに、日本のテレビ局が、ハーバード大学の〝非専門家〟の感想を引き合いに出し

て、「葉巻状の天体＝宇宙人の飛行船」と決めつけ、３－４章で述べた赤色矮星の惑星を「宇宙人の星」と連呼するスペシャル科学番組を制作して放映したことは、とても残念なことだ。科学的根拠を無視し、極端な人間中心主義のもとに、地球外生命を語るのは、視聴者に誤解を与え、ひいては地球外生命研究を阻害する可能性すらあるだろう。

（９）青砥吉隆（2009）「科学・技術の時代におけるアメリカの理想像」『ＩＣＵ比較文化』41: pp. 1-46

（10）思弁的実在論については以下を参考にした。
「いま世界の哲学者が考えていること」https://diamond.jp/category/s-sekainotetugakusyagakangaeteiru
「病の精神哲学」５、８、９ http://pubspace-x.net/pubspace/archives/4912, 5094, 5116

（11）ブレイン・マシン・インターフェース、ブレイン・ネットワーク・インターフェースについては多数の書籍が出版されている。たとえば、玉城絵美『ビジネスに効く！　教養として身につけたいテクノロジー』総合法令出版　二〇一九年

（12）ＡＮＡアバターイン・プロジェクト https://avatarin.com

（13）オプトジェネティクスについても多数の書籍がある。たとえば、理化学研究所　脳科学総合研究センター編『つながる脳科学――「心のしくみ」に迫る脳研究の最前線』講談社　二〇一六年

エピローグ

本書では、太陽系外の多彩な惑星や、海を持つかもしれない惑星の相次ぐ発見、太陽系内のエンケラドス、エウロパ、タイタン、火星といった地球外生命の存在を期待させる天体の探索の内容を説明しつつ、惑星科学者や天文学者たちが、それらを追っているうちに、自然と「太陽系中心主義」「地球中心主義」「人間中心主義」から解放されていき、これらの異界と地球、そして異界に住んでいるかもしれない生命と地球の生命を並列に眺めるようになった経緯や思考の流れを述べてきました。

これは過去にあった、地動説、ビッグバン宇宙論、ダーウィンの進化論、プレートテクトニクスといった科学思考の変革の受容における、思考の流れに通じるものかもしれません。大きな科学思考の変革においては、科学者も含めた人々の文化、歴史、宗教といったものが大きく絡んできます。特に、ダーウィンの進化論は、現代においても宗教との軋轢が顕著です（日本では明確な軋轢は見られませんが）。

系外惑星や地球外生命の議論は、思考の変革であるとともに、宇宙の誕生・進化といった「天空の科学」の視点と、地球、生命、人類といった「私につながる科学」の視点が絡み合い、揺れ動くことで、混乱もありますが、そのことで魅力も放っていると思います。そのため、本書では「天空の科学」と「私につながる科学」についてもそれぞれ章を割り当てて解説をしました。全体をもれなく解説することを目指すのではなく、雰囲気や考え方を伝えるために、筆者自身が何らかのかたちで関わった部分を中心に説明させてもらいました。

惑星科学者や天文学者たちは、ハビタブル・ゾーンの系外惑星や太陽系内のエンケラドス、エウロパというように、具体的に対象を絞り込んで、地球外生命の探索を始めています。太陽系内なら探査機によって一〇年から二〇年先にはデータが手に入るかもしれません。系外惑星系の場合は、望遠鏡での観測になりますが、一〇年以内にはデータが得られはじめると期待され、もしかしたら、すぐにも大発見の報があるかもしれません。

地球とはかけ離れた環境の天体で、地球生命とはまるで異なる仕組みの生命かもしれない相手を手探りで探していくので、惑星科学者や天文学者たちが進めている地球外生命の探索方法は、天体環境の解析を出発点に、何段階か積み上げた間接的なものになっています。しかし、ここまで説明してきたように、その方法はデータを積み上げて実証的に考えていく科学の方法論として現実的なものになっているといえます。

しかし、理屈としてはそうなのですが、プロローグに書いた「多くの人々に偉大な発見だと理解してもらい、人類の考え方に大きなインパクトを与えるためには、抽象的すぎない、地球外生命のわかりやすい指標が必要なのかもしれません」ということが依然として気になります。

火星の場合は、すでに探査機も到着していて、火星の風景の映像も撮影されており、かつて表面に海か湖があって生命がいたかもしれないというイメージはわかりやすいかもしれません。しかし、着陸した自走探査機キュリオシティなどが遂行している、ひたすら惑星環境や過去の惑星環境の探索をしていくという方法は、その分野に関わる科学者以外には、あまりわかりやすいものではないようにも思います。

エンケラドスやエウロパの内部海の話になると、その世界のイメージ自体がわかりにくくなります。探査機がそこまで行って、噴出している有機物混じりの水蒸気を分析して何か見つけることができれば、まだ直接的かもしれませんが、そこにいる生命の姿をわかりやすい写真に撮って見せるということは難しいかもしれません。

赤色矮星のまわりの系外惑星となると、そこがどんな世界なのか見当もつかず、大気のスペクトルを調べるということから生命を推測するという方法は、専門家からしても、不定性の大きなものだと思います。

こういう探索を通して、もし、惑星科学者や天文学者が、地球外生命の存在のかなり確実な証拠をつかんだとしても、それを多くの人々に「偉大な発見だと理解してもらい、人類の考え方に大きなインパクトを与える」ことができるのでしょうか？ データから地球の動物に似た姿の生命を、わかりやすさ優先で無理やり想像して、CGを作って見せるという方法もあるかもしれません。実際、ハビタブル・ゾーンの系外惑星やエンケラドスの生命を考えるテレビの科学番組で、そういう手法をとっているものはよくあります。それは、地球外生命というものを考えてもらう入り口としてはいいと思いますが、方向性としては「地球中心主義」「人間中心主義」に逆戻りしてしまわないかと危惧します。

赤色矮星のハビタブル・ゾーンの惑星の発見が「第二の地球発見」「地球に似た星発見」と再三報道されます。それも興味を引くための入り口という意味はあると思いますが、地球に似ていなければ価値がないとするかのような「地球中心主義」にどっぷりと浸かった報道の仕方で、筆者は違和感を持ちます。

直感的ではないデータしか得られなくても、地球の一系統の生命とは違う生命の情報を知ることで、地球の生命およびその起源に関する理解が進むのだという言い方もあります。それはその通りだと思います。しかし、その部分だけが強調されて、そのためだけに地球外生命を探すという話になってしまうと、結局は、ゴーギャンの絵画のタイトルの「我々はどこから来たのか 我々は何者か 我々はどこへ行くのか」の問いへの答えを知るためという、とても人間中心的な話になってしまう気がします。起源を探る問いに関わって、ゴーギャンの絵画を引用することは、現在においても、むしろ正統的なやり方であって、それが悪いといっているのではないのですが、系外惑星や地球外生命の議論は「私たち」と「天空」をつなげる話のはずなのに、地球をよりよく理解し、地球の生命とりわけ人類の来し方行末を知るためにあるのだというところに着地してしまうと、視点が一方通行になってしまわないでしょうか。

では、どうしたらいいのでしょうか。

本書で繰り返し主張してきたことは、私たち自身や人類を考えるときにも人間中心主義という箍《たが》をはずし、地球や生命を考えるときにも地球中心主義の箍をはずして考えるべきではないかということです。そのためには「私たち」という視点だけではなく「天空」の視点も持って複眼的に見るべきではないかという主張です（これは、プロローグや３－９章で触れた、人間中心主義の最たるものとしての哲学における新しい動きの思弁的実存論にも通じる部分があるかもしれません）。

「私たち」の視点と「天空」の視点は対立するものではなく、相補的に行き来できる視点だと思います。決して、宇宙全体に比べれば、人間なんてちっぽけなもの、地球なんて小さな岩の塊だといっているわけではありません。私たちの身のまわりから生命や人類を考えるときにも、宇宙における生命にも思いを馳せ、生命の一般的定義を問うたり、生命の起源の一般性を問うたりすることで、見え方は違ってくるのだと思います。また、宇宙を考えるときにも「私たち」の視点を持ち込むことで、より豊かになるのではないかと思います。

なぜ、そんなことを主張しているのかというと、筆者を含めた天文学者たちが、多彩な系外惑星の発見によって、太陽系や地球を「天空」の視点で見ることができるようになったという実体験をしたからです。地動説以来、天文学は、太陽系中心主義や地球中心主義を捨てさったと思っていたのが、知らず知らずのうちにそれらに絡みとられていて、多様な系外惑星がすぐ目の前にあったのに見逃していたということも痛感しました。宇宙を、そこに惑星や生命が充満しているものとして見るようにもなってきました。

今後、地球外生命に関するデータも次々と出てくることでしょう。そのときには、この系外惑星のときの教訓が生かされると思います。地球外生命の議論はデータ先行型で進んでいくのではないかと思いますが、ブレイン・ネットワーク・インターフェースなどのテクノロジー先行型で意識や知性とは何かという議論も出てくることでしょう。テクノロジーの進化速度は急速に上がってきていて、私たちの世界も急速に変化していくことでしょう。そういう状況の中で、地球中心主義、人間中心主義を離れて、「私たち」の視点とともに「天空」の視点もあわせ持つことの重要性はますます大きくなっていくだろうと思います。そういうものの見方、考え方は、実に見晴らしを良くし、爽快でもあると思います。

二〇一九年一〇月

井田　茂

［著者紹介］
井田　茂（いだ・しげる）

東京工業大学・地球生命研究所（ELSI）・副所長・教授。東京生まれ、京都大学物理系卒、東京大学大学院地球物理学専攻修了。専門は惑星形成理論。
著書に『系外惑星と太陽系』（岩波新書）、『地球外生命』（岩波新書、長沼毅氏との共著）、『スーパーアース』（PHP 新書）、『異形の惑星』（NHK ブックス）など多数。

ハビタブルな宇宙　系外惑星が示す生命像の変容と転換

2019年11月25日　第１刷発行

著　者　井田　茂
発行者　神田　明
発行所　株式会社　春秋社
〒101-0021　東京都千代田区外神田2-18-6
電話　(03)3255-9611（営業）
(03)3255-9614（編集）
振替　00180-6-24861
http://www.shunjusha.co.jp/
印刷所　株式会社　太平印刷社
製本所　ナショナル製本協同組合
装　丁　伊藤滋章

ISBN978-4-393-33232-0 C0044　定価はカバー等に表示してあります